step 6

초등학생을 위한

영재수학의 지름길

Gifted and Talented MATH

중급|하

이 책을 보는 순간 수학에 대한 자신감과 여러분의 밝은 미래를 향해 한 걸음 더 나아갈 수 있습니다.

본 도서는 중국 사천대학교의 도서를 공식 라이선스한 책으로
원서 내용 중 우리나라 교육과정과 정서에 맞지 않는 부분은 수정, 보완하였습니다.

초등학생을 위한
사고력 향상 **영재수학**의 **지름길** 중급|하

원저 중국 사천대학교 **옮긴이** 이수진 **감수** 멘사수학연구소

발행일 2019년 1월 30일 1판 1쇄 **펴낸이** 박정석 **펴낸곳** (주)씨실과 날실 **출판등록** 제302-2007-000035호
주소 경기도 파주시 회동길 325-22(서패동 469-2) 1층 **전화** [02]523-3143~4 **팩스** [02]597-6627
마케팅 황상모, 유승우 **디자인** dmisen* **일러스트** 천은실 **삽화** 부창조 **제작** 권미형

판매대행 도서출판 세화 **주소** 경기도 파주시 회동길 325-22(서패동 469-2) **구입문의** | [02]719-3142
편집부 | [031]955-9333 **영업부** | [031]955-9331~2 **팩스** [02]719-3146 **홈페이지** www.sehwapub.co.kr
정가 15,000원 **ISBN** 979-11-89017-07-1 63410

*영재수학 G&T는 상표법에 따라 상표 · 서비스표에 등록되어 있습니다. 상표 · 서비스등록 제 45-0050137호
*독자여러분의 의견을 기다립니다. 잘못 만들어진 책은 구입처에서 바꾸어드립니다.
이 책에 실린 모든 일러스트 및 내용에 대한 권리는 ㈜씨실과 날실에 있으므로 무단으로 전재하거나 복제, 배포할 수 없습니다.

www.sehwapub.co.kr *홈페이지의 학습서자료실에서 정오표나 최근기출문제를 내려받으실수 있습니다.

영재수학의 기본을 다진다!

사고력 향상

초등
사고력

영재수학의
지름길

중국 사천대학 지음 | 이수진 옮김 | 멘사수학연구소 감수

중급|하

씨실과 날실

씨실과 날실은 도서출판 세화의 자매브랜드입니다.

초등사고력완성 **프리미엄**

영재수학의 지름길

영재수학 G&T로 경시대회 입상에 도전한다!

수학은 원리에 충실해야 합니다. 한 문제를 풀더라도 노트에 꼼꼼히 필기하는 습관을 갖도록 합니다.

영재수학 G&T로 수학영재에 도전한다!

다른 아이와 차별화된 차이점은 조그마한 부분에서 부터 시작됩니다.

중급-하
VIOLET LEVEL

최 상 위 권 을 향 한 아 름 다 운 도 전

영재수학의 지름길(G&T) 초등편 감수/편집을마치며

지난 20여년 동안 국내의 수많은 선생님들과 우수한 학생들에게 사랑 받아온 올림피아드 수학의 지름길시리즈가 2019년을 맞아 국내 교육과정에 맞추어 최신 신경향 사고력 문제와 국내외 기출 문제들을 엮어 새롭게 출간되었습니다.

기존의 올수지 초급 상·하에서 깊이 다루지 못했던 초등학교 사고력과 영재교육과정을 주제별 세분화하여 국내 학생들의 학습에 도움될수 있도록 6년 여간의 수정·보완끝에 초등 영재수학의 지름길(G&T) 로 선보이게 되었습니다.

● 시중에 나와있는 영재교육 교재와 차별화된 학습과정을 통하여 또래 아이들보다 뛰어난 성취효과를 얻을수 있도록 하였습니다.

● 올림피아드뿐만이 아닌 교과심화에 가까운 수학적 사고력을 키우는 문제들로 엄선하여 수록하였 습니다.

● 연습문제에 있어서도 A형의 기본연습문제 뿐만 아니라 B형의 연습문제(대부분이 최근 2, 3년간 각지역 에서 방과 후 활동에 사용한 문제임)도 제공하여 학생들과 교사들이 선택하여 사용할 수 있도록 하였습 니다.

본 시리즈는 편찬과정에서부터 국내 교육과정에 맞는 최종 감수 및 재구성까지 장기간 초등학교 영재 (올림피아드) 수학강의를 하셨던 1급 교사와 특급 교사들이 참여하였습니다.

인생에는 깊이 생각해야 하는 시기가 있고, 사고력을 키우는 것이 공부하는 목적 중의 하나라고 하 였습니다. 바꾸어 말하면 지혜의 깊이는 공부를 통해서만이 얻을 수 있습니다.
지혜에는 '넓이' 가 있고 '깊이' 가 있고 '힘' 이 있습니다. '지혜' 는 결단력입니다.

수학은 단순한 문제풀이가 아닌 원리와 사고력이 중요합니다.
다양한 풀이 방법과 사고를 통해 학생 스스로가 문제를 해결해 나가는 습관을 들이는 것이 중요합니다.
문제가 어렵더라도 포기하지 않고 인내와 끈기로 집중력있게 풀고 익히다 보면 어느새 한걸음 더 나아가 있는 모습을 보게 될것입니다.

비록 여러 번의 수정이 있었지만 실력이 부족한 관계로 매끄럽지 않은 부분이 있을 수 있으니 독자여러 분들의 기탄없는 지도 편달을 바랍니다. 아울러 나라의 기둥이 되는 대한민국의 축복받은 학생들에게 잠 재되어 있는 재능을 발휘하는데 조금이라도 도움이 되길 바라며 시리즈의 개편을 국내 교육과정에 맞게 허락해 주신 중국 사천대학 출판사의 관계자 여러 분들께 깊은 감사를 드립니다.

멘사수학연구소 및 씨실과 날실 편집부 일동

이 책의 구성

structure

---

04 직육면체와 정육면체의 겉넓이와 부피

직육면체(정육면체를 포함)는 자주 볼 수 있는 입체도형 가운데 하나입니다.
이번 장에서는 부피와 겉넓이를 구하는 법, 직육면체를 쪼갠 후 개수의 계산법, 직육면체의 겉면 칠하기 문제라는 3가지 내용을 소개합니다.

1 부피와 겉넓이

직육면체는 6개의 직사각형으로 둘러싸인 입체도형이므로, 마주보는 면(모두 3쌍)끼리 합동이고,[그림 1]에서 앞면과 뒷면, 윗면과 아랫면, 왼쪽 옆면과 오른쪽 옆면이 같습니다.
또, 평행한 모서리의 길이가 같습니다. (평행한 모서리의 실제로는 3쌍입니다.)

[그림 1]

📘 1 기본개념 이해

각 장별로 '기본개념'을 구성하여 각 장에서 익혀야 할 개념을 충분히 이해한 후 기본 예제문제를 학습할 수 있도록 하였습니다.

예제 2 다음을 읽고 물음에 답하시오.

(1) 다음 그림과 같이 직육면체의 나무토막이 있습니다. 윗부분과 아랫부분에서 높이가 각각 3cm와 2cm인 직육면체를 잘라내었더니, 정육면체가 되었고, 겉넓이는 120cm² 줄었습니다. 처음 직육면체의 부피는 몇 cm³입니까?

○ TIP
(1) 직육면체를 잘라내서 정육면체가 되었으므로, 원래의 직육면체의 밑면은 정사각형입니다.

(2) 어느 한 직육면체에서 가로가 2cm 늘어나면, 부피가 40cm³ 증가하고, 세로가 3cm 늘어나면, 부피가 90cm³ 증가합니다. 또, 높이가 4cm 늘어나면, 부피가 96cm³ 증가한다면, 직육면체의 처음의 겉넓이는 몇 cm²입니까?

○ TIP
(2) 처음 직육면체의 가로, 세로, 높이를 각각 a, b, c라고 한다면 처음의 부피는 $V=abc$입니다.

📗 2 예제문제

각 장별로 '예제문제'를 구성하여 각 장에서 익혀야 할 기본 예제문제들을 충분히 학습할 수 있도록 하였습니다.

---

2 직육면체를 쪼갠 후 개수의 계산

앞선 단계들에서 직선의 개수에 따른 직사각형의 개수를 구하는 방법을 설명했습니다.
이 방법들을 이용하여 직육면체의 개수를 계산하는 방법을 알 수 있습니다.

예제 5 다음 그림의 직육면체에서 그림의 선을 따라 여러 가지 모양으로 쪼갤 때 몇 개의 서로 다른 직육면체를 만들 수 있습니까?

○ TIP
먼저 직육면체의 계산 방법에 따라 이 직육면체의 윗면 ABCD의 서로 다른 직사각형의 경우를 구하면, (AD와 평행한 직선 수)×(AB와 평행한 직선 수)
$=[(6×5)÷2]×[(4×3)÷2]$
$=90$(개)입니다.

풀이 먼저 직육면체의 계산 방법에 따라 이 직육면체의 윗면 ABCD의 서로 다른 직사각형의 개수를 구하면,
(AD와 평행한 2개의 직선상의 수)×(AB와 평행한 2개의 직선 상의 수)
$=[(6×5)÷2]×[(4×3)÷2]=90$(개) 입니다.

📙 3 예제문제 TIP 및 참고 구성

예제문제 풀이시 TIP과 참고 및 분석을 추가하여 예제문제 풀이에 도움이 되도록 하였습니다.

01 다음 그림과 같은 입체도형이 있습니다. 겉넓이와 부피를 각각 구하시오.(단, 단위는 cm입니다.)

02 다음 물음에 답하시오.

(1) 밑면이 정사각형인 직육면체가 있습니다. 옆면을 펼치면 한변의 길이가 20cm인 정사각형이 된다면, 이 직육면체의 부피는 몇 cm³입니까?

4 연습문제

각 장별로 연습문제를 구성하여 기본 예제문제와 연관성을 가질수 있으며 A, B, C단계로 유형별 숙지와 반복학습할 수 있도록 하였습니다.

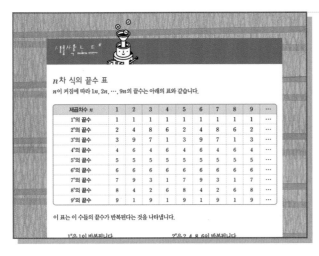

5 새싹 노트

쉬어가는 페이지에 '새싹노트'를 구성하여 각 장과 연관된 심화학습을 한걸음 더 배워보도록 하였고 반드시 알아두어야 할 수학적인 상식을 담았습니다.

6 연습문제 정답과 풀이

책속의 책으로 해답 및 풀이를 구성하여 문제의 의도와 개념을 정확히 이해할 수 있도록 자세한 해설과 풀이를 실었습니다.

목차
contents

중급|하

중급|하

"쇠는 안쓰면 녹슬고 고여있는 물은 흐려지며 게으름은 정신의 활력을 앗아간다." −레오나르드 다빈치−

문제에서 주어진 어떤 값을 똑같이 몇 개로 나누면 잘 맞아떨어질 수도 있고, 많지도 적지도 않습니다. 나머지가 생기거나 부족할 수도 있습니다. 이것은 나머지가 있는 나눗셈으로 해결할 수 있는 문제입니다.

실생활에서는 반대되는 문제가 자주 발생합니다. 물건의 개수도 모르고 똑같이 나눈 몫도 모릅니다. 두 차례의 분배 방법에서 많거나 나머지 적은 모자람 현상이 발생하였을 때, 나누는 물건의 개수와 똑같이 나눈 몫을 구하는 문제를 남거나 모자람 문제라고 합니다.

남거나 모자람 문제는 두 번 분배하였을 때 남거나 모자른 상황에 따라 3종류의 기본 유형이 있습니다.

① 두 번 분배할 때, 한 번은 많고 한 번은 적습니다.
　(즉, 한 번은 나머지가 생기고 한 번은 모자랍니다.)
② 두 번 분배할 때 모두 많습니다. (즉, 모두 나머지가 생깁니다.)
③ 두 번 분배할 때 모두 적습니다. (즉, 모두 모자람이 생깁니다.)

예를 들어 사탕 한 주머니를 어린이들에게 나누어 줄 때 다음 3종류의 기본유형이 있습니다.

문제 1 사탕을 어린이들에게 나누어주는데 만약 1인당 6개씩 나누어주면 4개가 남고 1인당 8개씩 나누어주면 2개가 모자랍니다. 이때, 어린이들은 몇 명입니까? 또, 주머니에는 사탕이 몇 개 들어있습니까?

（　　　　　）

문제 2 만약 1인당 6개씩 나누어주면 4개가 남고, 1인당 7개를 나누어주면 1개가 남습니다. 이때, 어린이들은 몇 명입니까? 또, 주머니에는 사탕이 몇 개 들어있습니까?

（　　　　　）

문제 3 만약 1인당 8개씩 나누어주면 2개가 모자르고, 1인당 9개씩 나누어주면 5개가 모자랍니다. 이때, 어린이들은 몇 명입니까? 또, 주머니에는 사탕이 몇 개 들어있습니까?

（　　　　　）

이러한 기본 유형의 나머지와 모자람 문제의 풀이 방법의 기본 공식은 다음과 같습니다.

나누어 받을 사람 수＝나머지와 모자람의 합 두 번 분배할 때 개수 차이

물건의 전체 개수＝1인당 나눈 개수 나누어 받을 사람 수＋나머지(또는 모자람)

이 중, 문제 1의 나머지와 모자람의 합＝나머지＋모자람 양
　　　문제 2의 나머지와 모자람의 합＝많은 나머지－적은 나머지
　　　문제 3의 나머지와 모자람의 합＝큰 모자람 양－적은 모자람 양

따라서 [문제 1]의 풀이는 다음과 같습니다.
나누어 받은 사람 수$=(4+2)\div(8-6)=3$(명)
주머니 안의 사탕 수$=6\times3+4=22$(개) 또는 $8\times3+1=22$(개)

[문제 2]의 풀이는 다음과 같습니다.
나누어 받은 사람 수$=(4-1)\div(7-6)=3$(명)
주머니 안의 사탕 수$=6\times3+4=22$(개) 또는 $7\times3+1=22$(개)

[문제 3]의 풀이는 다음과 같습니다.
나누어 받은 사람 수$=(5-2)\div(9-8)=3$(명)
주머니 안의 사탕 수$=8\times3-2=22$(개) 또는 $9\times3-5=22$(개)

이러한 3종류의 나머지와 모자람 문제는 모두 간단하게 방정식으로 해결합니다.
이 어린이들을 x명이라고 하고, 두 번 분배한 주머니 안의 사탕 개수로 방정식을 세웁니다.

문제 **1**　[풀이] $8x-2=6x+4$
$\qquad\qquad\quad x=(4+2)\div(8-6)=3$

문제 **2**　[풀이] $7x+1=6x+4$
$\qquad\qquad\quad x=(4-1)\div(7-6)=3$

문제 **3**　[풀이] $9x-5=8x-2$
$\qquad\qquad\quad x=(5-2)\div(9-8)=3$

구하려는 x는 3이므로 이 어린이들은 3명입니다. 또, 주머니 안의 사탕은
$6\times3+4=22$(개)입니다.(또는 $8\times3-2=22$ 또는 $7\times3+1=22$ 또는 $9\times3-5=22$)
위에서 설명한 2종류의 풀이로 비교해보면 나머지와 모자람 문제의 방정식 풀이가 풀이보다 간단하고 정확합니다.
방정식 풀이의 가장 큰 장점은 틀에 박힌 공식을 사용할 필요가 없으며, 3종류의 기본 공식을 나눌 구분할 필요가 없다는 것입니다.
아래의 예제는 방정식이 나머지와 모자람 문제를 해결하는데 매우 편리하다는 것을 보여줄 것입니다.

예제 **1**

6학년 1반 선생님이 몇 모둠의 어린이들에게 사과를 나누어 주었습니다. 각 모둠에 7개씩 나누어 주니 3개가 모자라고, 6개씩 나누어 주니 4개가 남았습니다. 그렇다면, 사과는 모두 몇 개입니까? 또, 어린이들은 모두 몇 모둠입니까?

⊙ TIP

어린이들의 모둠 수를 x라 하고, 사과의 총 개수로 방정식을 만듭니다.

풀이1 어린이들의 모둠 수를 x라 하고, 사과의 총 개수로 방정식을 만듭니다.

$$7x-3=6x+4$$

$$x=(3+4)\div(7-6)=7,$$

또 $7 \times 7 - 3 = 46$입니다.

따라서 사과는 모두 46개이고, 어린이들은 모두 7개 모둠입니다.

풀이2 풀이 방법은 다음과 같습니다. 남거나 모자라는 양은 $(3+4)$개이고 두 번 분배한 차이는 $(7-6)$개이므로 어린이들은 모두 $(3+4)\div(7-6)=7$(모둠)이고 사과는 모두

$7 \times 7 - 3 = 46$(개)입니다.　　　　　🗒 46개, 7개 모둠

예제 **2**

나무심기 행사에서 학생들에게 묘목을 나누어 줍니다. 6학년 3반 학생에게 4그루의 묘목을 나누어 주면 9개가 남고, 6개의 묘목을 나누어주면 7개가 부족합니다. 이때, 5학년 3반의 학생은 몇 명입니까? 또, 묘목은 모두 몇 그루입니까?

⊙ TIP

6학년 3반 학생 수를 x명이라고 하면 첫 번째 나눠준 묘목은 $(4x+9)$그루이고, 두 번째 나눠준 묘목은 $(6x-7)$그루입니다.

풀이1 6학년 3반 학생 수를 x명이라고 하면 첫 번째 나눠준 묘목은 $(4x+9)$그루이고, 두 번째 나눠준 묘목은 $(6x-7)$그루입니다. 두 번 분배한 묘목의 개수로 방정식을 만듭니다.

$$4x+9=6x-7$$

$$x=(9+7)\div(6-4)=8$$입니다.

따라서 $4x+9=4\times8+9=41$ 또는 $6x-7=6\times8-7=41$입니다.

즉, 6학년 3반의 학생은 8명이고, 묘목은 모두 41그루입니다.

풀이2 풀이는 다음과 같습니다. 남거나 모자라는 양은 $9+7=16$(그루)이고, 두 차례 분배한 묘목의 차이는 $6-4=2$(그루)입니다. 그러므로 6학년 3반 학생 수는 $(9+7)\div(6-4)=8$(명)이고, 묘목은 $4\times8+9=41$(그루) 또는 $6\times8-7=41$(그루)입니다.

🗒 8명, 41그루

예제 3

한 반의 학생들이 배를 타러 갔습니다. 계산해 보니 1척을 더 빌리면 1척당 6명씩 타고, 1척을 줄이면 1척당 9명씩 타게 됩니다. 이 반의 학생은 모두 몇 명입니까?

◎ TIP

원래의 배를 x척이라고 하면 첫 번째 조건에서 이 반의 학생은 $6(x+1)$명입니다. 두 번째 조건에서 이 반의 학생은 $9(x-1)$명입니다.

풀이 두 번의 조건으로 얻은 학생 수로 방정식을 만들면

$6(x+1)=9(x-1)$

$x=(9+6)\div(9-6)=5$

따라서 $6(x+1)=6\times(5+1)=36$ 또는 $9(x-1)=9\times(5-1)=36$입니다.

즉, 이 반의 학생은 36명입니다.

설명 (1) 만약 직접 이 반의 학생 수를 x라고 한다면 배의 수로 방정식 $\dfrac{x}{6}-\dfrac{x}{9}+1$을 세웁니다.

양변에 6과 9의 최소공배수인 18을 곱하면, $3x-18=2x+18x=36$입니다.

(2) 만약 나머지와 모자람 문제의 풀이 방법으로 이 문제를 풀면 남거나 모자라는 양은 $(6+9)$이고 이 두 차례 분배의 차이는 $(9-6)$입니다. 따라서 배는 $(6+9)\div(9-6)=5$(척)입니다.

그러므로 이 반의 학생 수는 $6\times5+6=36$(명) 또는 $9\times5-9=36$(명)입니다. **目** 36명

예제 4

선생님이 상우에게 심부름을 시켰습니다. 상우에게 돈을 주어 1권당 1300원인 연습장을 몇 권 사오고 500원을 거슬러 오도록 하였습니다. 그런데 상우가 도중에 5000원을 잃어버렸지만 다시 돈을 가지러 갈 시간이 없었습니다. 그래서 어쩔 수 없이 1권당 1100원인 연습장을 원래 사려던 권수대로 사고 2500원을 거슬러 왔습니다. 처음에 선생님은 상우에게 얼마를 주었습니까?

◎ TIP

상우가 사려던 연습장을 x권이라고 한다면 선생님이 상우에게 준 돈은 $(1300x+500)$원입니다. 5000원을 잃어버렸으므로 상우는 $(1300x+500-5000)$원만 가진 셈입니다.

풀이 이 돈을 사용하여 1권에 1100원인 연습장 x권을 샀을 때 2500원을 거슬러왔다는 조건으로 방정식을 만듭니다.

$1300x+500-5000=1100x+2500$

$x=(5000+2500-500)\div(1300-1100)=35$

그러므로 $1300x+500=1300\times35+500=46000$(원)입니다.

따라서 선생님은 상우에게 46000원을 주었습니다.

설명 (1) 만약 선생님이 상우에게 준 돈을 직접 x원이라고 한다면, 산 연습장의 권수로 이와 같이

$\dfrac{x-500}{1300}=\dfrac{x-5000-2500}{1100}$

방정식을 세울 수 있습니다. 양변에 $13\times11\times100=14300$을 곱하고 괄호를 풀어서 계산하면

$x=46000$원이 나옵니다.

(2) 나머지와 모자람의 풀이방법으로 문제를 풀면 남거나 모자라는 양은 $(5000+2050-500)$원이고 이 두 차례 분배의 차이는 $(1300-1100)$원입니다. 따라서 선생님이 사려던 연습장의 권수는 $(5000+2500-500)\div(1300+1100)=35$(권)입니다. 또, 선생님이 상우에게 준 돈은 $1300\times35+500=46000$(원)입니다. **目** 46000원

예제 5

빨간 공과 하얀 공이 여러 개 있습니다. 빨간 공 1개와 하얀 공 1개씩을 빨간 공이 하나도 없을 때까지 몇 번 꺼냈더니 하얀 공만 50개 남았습니다. 이번에는 빨간 공 1개와 하얀 공 3개를 하얀 공이 없어질 때까지 꺼냈더니 빨간 공만 50개 남았습니다. 그렇다면 빨간 공과 하얀 공은 모두 몇 개입니까?

🔆TIP

빨간 공이 x개라고 하면 첫 번째 조건에서 하얀 공은 $(x+50)$개입니다. 그 다음 두 번째 조건에 따라 방정식을 세웁니다.

풀이1 빨간 공이 x개라고 하면 첫 번째 조건에서 하얀 공은 $(x+50)$개입니다.

그 다음 두 번째 조건에 따라 방정식을 세웁니다.

$(x+50) \div 3 = x-50$, 즉 $(x+50) = 3 \times (x-50)$

$x = (150+50) \div (3-1) = 100$

즉, 빨간 공은 100개입니다. 따라서 하얀 공은 $100+50=150$개입니다.

그러므로 빨간 공과 하얀 공은 모두 $100+150=250$개입니다.

풀이2 하얀 공이 y개라고 하면 첫 번째 조건에서 빨간 공은 $(y-50)$개입니다.

그 다음 두 번째 조건에 따라 방정식을 세웁니다.

$y \div 3 = (y-50)-50$, 즉 $y = 3 \times \{(y-50)-50\}$

$y = (150+150) \div (3-1) = 150$

즉, 하얀 공은 150개입니다. 따라서 빨간 공은 $150-50=100$개입니다.

그러므로 빨간 공과 하얀 공은 모두 $100+150=250$개입니다.

풀이3 이 나머지와 모자람 문제를 풀이 방법으로 풀기 위해서는 먼저 문제에서 조건을 찾아야 합니다. 한번 분배할 때 빨간 공 1개와 하얀 공 1개의 짝을 맞추면 하얀 공이 50개 남습니다. 두 번 분배할 때 빨간 공 1개와 하얀 공 3개의 짝을 맞추면 하얀 공이 $50 \times 3 = 150$개 부족합니다.

이 사실을 볼 때 남거나 모자라는 양은 $(50+150)$이고, 두 번 분배한 차이는 $(3-1)$입니다.

그러므로 빨간 공은 $(50+150) \div (3-1) = 100$(개)입니다.

따라서 하얀 공은 $100+50=150$(개)이고, 모두 $100+150=250$(개)입니다. 📋 **250개**

영훈이가 자전거를 타고 갑에서 을로 갑니다. 출발할 때 계산해보니 시간당 10km씩 가면 오후 1시에 도착하고, 시간당 15km씩 가면 오전 11시에 도착합니다. 영훈이가 정오 12시에 도착하려면 시간당 몇 km의 속력으로 가야 합니까?

⊙ TIP

영훈이가 정오 12시에 도착하려면 시간당 몇 km의 속력으로 가야 됩니까?에 대답하려면 갑과 을 두 지점의 거리를 알아야만 합니다.

풀이1 영훈이가 오전 x시부터 갑에서 출발했다고 할 때, 자전거를 타고 간 두 번의 방법으로 갑과 을 두 지점 사이의 거리를 방정식으로 세울 수 있습니다.

$10 \div (13 - x) = 15 \times (11 - x)$(단, 오후 1시=13시입니다.)

$x = (15 \times 11 - 10 \times 13) \div (15 - 10) = 7$

따라서 갑과 을 두 지점 사이의 거리는

$10 \times (13 - x) = 10 \times (13 - 7) = 60(\text{km})$ 또는 $15 \times (11 - x) = 15 \times (11 - 7) = 60(\text{km})$

그러므로 영훈이가 정오 12시에 도착하려면 시간당 $60 \div (12 - 7) = 12(\text{km})$의 속력으로 자전거를 타야 합니다.

풀이2 영훈이가 시간당 10km의 속력으로 x시간을 타서 을에 도착하려면 자전거를 타고 간 두 방법으로 갑과 을 두 지점 사이의 거리를 방정식으로 세울 수 있습니다.

$10x = 15(x - 2)$

$x = 15 \times 2 \div (15 - 10) = 6$

따라서 갑과 을 두 지점 사이의 거리는

$10x = 10 \times 6 = 60$ 또는 $15 \times (x - 2) = 15 \times (6 - 2) = 60(\text{km})$입니다.

그러므로 영훈이가 12시에 도착하려면 시간당

$60 \div \{12 - (13 - 6)\} = 12(\text{km})$의 속력으로 자전거를 타야 합니다.

풀이3 영훈이가 시간당 15km의 속력으로 x시간을 타서 을에 도착하려면 자전거를 타고 간 두 방법으로 갑과 을 두 지점 사이의 거리를 방정식으로 세울 수 있습니다.

$10(x + 2) = 15x$

$x = 10 \times 2 \div (15 - 10) = 4$

따라서 갑과 을 두 지점 사이의 거리는 $15 \times 4 = 60$ 또는 $10 \times (4 + 2) = 60(\text{km})$입니다.

그러므로 영훈이가 12시에 도착하려면 시간당

$60 \div \{12 - (11 - 4)\} = 12(\text{km})$의 속력으로 자전거를 타야 합니다.

풀이4 나머지와 모자람 문제의 풀이 방법은 다음과 같습니다. 남거나 모자라는 양은 오후 1시 도착이 오전 11시 도착보다 2시간을 더 사용하여 간 거리 $10 \times 2 = 20(\text{km})$입니다. 그리고 두 번 분배한 차이는 $(15 - 10)\text{km}$이므로 시간당 15km일 때, $10 \times 2 \div (15 - 10) = 4$(시간)이 걸려서 을에 도착합니다. 그 다음은 풀이 3과 같습니다.

답 12km

01 사탕 한 주머니를 어린이들에게 나누어 줄 때, 1인당 4개씩 나누어 주면 5개가 남고, 5개씩 나누어 주면 1명이 4개 적게 받습니다. 이때, 어린이는 몇 명입니까? 또, 사탕 주머니에는 사탕이 몇 개 들어 있습니까?

02 한빛 초등학교 6학년 3반 학생들이 나무를 심습니다. 1인당 5그루씩 심으면 14그루가 남고, 1인당 7그루씩 심으면 4그루가 부족합니다.
6학년 3반 학생들은 모두 몇 명입니까? 또, 나무는 모두 몇 그루입니까?

03 6학년 1반 학생들이 여행을 갔습니다. 그들이 배 몇 척을 빌렸는데 1척당 6명이 타면 4자리가 남고, 5명씩 타면 4명이 못 탑니다. 그렇다면, 5학년 1반은 모두 몇 명입니까?

04 어린이 몇 명이 책을 사러 서점에 갔습니다. 1인당 8000원을 내면 2000원이 남고, 1인당 6000원을 내면 4000원이 부족합니다. 어린이는 모두 몇 명입니까? 또, 전체 책값은 얼마입니까?

05 어떤 공장에서 부품을 만드는데 정해진 시간안에 목표량을 완성해야 합니다. 1시간당 부품 30개를 만들면 목표량에서 15개가 모자르고, 1시간에 35개를 만들면 목표량에서 25개를 초과합니다. 그렇다면 정해진 시간은 몇 시간입니까? 또, 목표량은 모두 몇 개입니까?

01 사과를 어린이들에게 나누어 주려고 합니다. 1인당 5개씩 나누어주면 32개가 남고, 1인당 8개씩 나누어주면 어린이 5명이 사과를 받지 못합니다. 사과는 모두 몇 개입니까?
(단, 사과를 받지 못한 5명의 어린이를 제외하고 나머지는 모두 8개씩 받았습니다.)

02 갑이 부품을 만드는데 매일 50개씩 만들면 원래 계획보다 8일 늦게 끝나고 매일 60개씩 만들면 계획보다 5일 일찍 끝납니다. 만들어야 하는 부품은 모두 몇 개입니까?
(단, 마지막 날도 같은 개수의 부품을 만듭니다.)

03 현아네 모둠이 나무를 심는데 1인당 5그루씩 심으면 3그루가 남고, 만약 그 중 2명이 각각 4그루씩 심고 나머지 사람들이 6그루씩 심으면 남김없이 다 심을 수 있습니다. 현아네 모둠에는 몇 명이 있습니까? 또, 나무는 몇 그루입니까?

04 을이 집에서 회사로 출근하는데 분당 60m로 걷는다면 2분 지각하고, 분당 80m씩 걷는다면 3분 일찍 도착합니다. 만약 자전거를 타고 분당 150m로 간다면 집에서 회사까지 몇 분 걸립니까?

05 여러 장의 편지지와 편지봉투가 있습니다. 만약 편지봉투 1개와 편지지 2장을 사용하면 편지지가 10장 남고, 편지봉투 1개에 편지지 3장을 사용하면 편지지가 6장 부족합니다. 이때 편지지와 편지봉투는 각각 몇 장이 있습니까?

연습문제 01* 유형C

본 단원을 마무리하는 연습문제이므로 충분히 익히도록 합시다. I 정답 4쪽

01 갑이 겨울 캠프에 참가하는 학생들을 a개의 숙소에 배정하려 합니다. 갑이 계산해보니 숙소를 2개 늘린다면 각 숙소에 6명씩 묵을 수 있고, 숙소를 2개 줄이면 각 숙소에 9명씩 묵을 수 있습니다. 그렇다면 캠프에 참가한 학생들은 모두 몇 명입니까?

02 자동차 한 대가 갑에서 을로 이동합니다. 시속 45km의 속력으로 이동하면 예상 시간보다 0.5시간 늦어지고, 시속 50km의 속력으로 이동하면 예상 시간보다 0.5시간 전에 도착합니다. 갑과 을 두 지점 사이의 거리와 예상 시간을 구하시오.

03 배 한 상자가 있는데, 1kg에 1600원에 팔면 9000원의 손해를 보고 1kg에 21000원의 가격으로 판다면 6000원의 이익이 남습니다. 만약 이익이나 손해를 보지 않으려면 1kg을 얼마에 팔아야 합니까?

04 차로 석탄을 옮기려고 하는데 차 1대에 3t을 실으면 2t을 옮기지 못합니다. 만약 이 차 1대에 1t씩 더 실으면 석탄을 다 싣고 다른 물건 1t을 더 실을 수 있습니다. 석탄은 모두 몇 t입니까?

02 평균값 (Ⅰ)

1 복습

다음이 기본 공식입니다.

$$평균=총합\div총\ 개수$$

2개의 변형공식은 다음과 같습니다.

$$총합=평균\times총\ 개수, \quad 총\ 개수=총합\div평균$$

평균 문제에서는 때때로 모자라는 부분을 보충하는 방법을 이용하여 풀 수도 있습니다.
(아래의 예제 2, 예제 3과 같습니다.)

예제 1

수학사랑 동아리의 학생들이 수학대회에 참가하여 4명이 100점을 받고, 3명이 99점을 받고, 3명이 97점을 받았고, 4명이 96점을 받았습니다. 수학대회에서 수학사랑 동아리 학생의 평균점수는 몇 점입니까?

> ⚙ **TIP**
> 총 점수는 $100\times4+99\times3+97\times3+96\times4=1372$(점)이고, 총 인원은 $4+3+3+4=14$(명)입니다.

> **풀이** 총 점수는 $100\times4+99\times3+97\times3+96\times4=1372$(점)입니다.
> 총 인원은 $4+3+3+4=14$(명)입니다.
> 따라서 수학사랑 동아리 학생의 평균 점수는 $1372\div14=98$(점)입니다. **답** 98점

예제 2

갑이 지난 4일 동안 매일 25개의 부품을 만들었고, 5일째 만든 부품은 5일 평균 만든 것 보다 4.8개가 많았습니다. 그렇다면 갑은 5일째 되는 날 몇 개의 부품을 만들었습니까?

> ⚙ **TIP**
> 갑이 5일째 x개를 만들었다면, 5일 평균 생산량은 $(x-4.8)$개입니다.

> **풀이** 갑이 5일째 x개를 만들었다면, 5일 평균 생산량은 $(x-4.8)$개입니다. 5일 동안 생산한 총 부품수로 식을 세우면, $25\times4+x=(x-4.8)\times5$입니다.
> 이것을 풀면 $x=31$입니다. 따라서 갑은 5일째 되는 날 31개의 부품을 만들었습니다.
> **설명** 모자라는 부분을 보충하는 풀이법은 다음과 같습니다. 4.8개 많은 평균을 지난 4일간의 평균 25에 더하여 5일 평균 $25+4.8\div4=26.2$(개)를 만들었으므로 5일째 생산한 부품은 $26.2+4.8=31$(개)입니다. **답** 31개

예제 3

영훈이가 지금까지 본 수학 시험 평균 성적이 84점인데, 이번에 100점을 받으면 평균성적이 86점으로 오릅니다. 이번 시험은 몇 번째 시험입니까?

TIP

이번 시험을 x번째라고 한다면 지난 $(x-1)$번의 총점은 $84 \times (x-1)$입니다.

풀이 이번 시험을 x번째라고 한다면 지난 $(x-1)$번의 총점은 $84 \times (x-1)$입니다.
x번째 시험의 총점을 식으로 만들면,
$86 \times x = 84 \times (x-1) + 100$입니다.
$x = (100-84) \div (86-84) = 8$입니다.
즉, 이번이 8번째 시험입니다.

설명 평균을 매번 $(86-84=2)$점 올려야 하기 때문에, 이번 시험에 더 받은 $(100-84=16)$점을 각 시험에 나누어 보충하면 $(100-84) \div (86-84) = 8$(번)이 시험 본 횟수입니다. **답** 8번

예제 4

철민이의 지난 5번의 수학시험 성적 평균이 85.8점이었습니다. 평균성적이 90점 이상이 되려면 철민이는 최소한 몇 번 더 시험을 봐야 합니까? (단, 시험은 100점 만점입니다.)

TIP

철민이가 x번(매번 100점을 받습니다.) 시험을 보면 평균 점수가 90점이 될 수 있다고 가정하고 $(x+5)$번의 총점으로 식을 세웁니다.

풀이 철민이가 x번(매번 100점을 받습니다.) 시험을 보면 평균 점수가 90점이 될 수 있다고 가정하고 $(x+5)$번의 총점으로 식을 세웁니다.
$85.8 \times 5 + 100 \times x = 90 \times (x+5)$를 풀면 $x=2.1$입니다.
x는 횟수이므로 자연수입니다. 즉, 2에 가까운 수입니다.
x가 2라면, $2 < 2.1$이므로 위의 식에 대입해보면 조건에 맞지 않습니다. 왜냐하면
$(85.5 \times 5 + 100 \times 2) \div (5+2) = 89.9 < 90)$
x가 3이라면, $(85.5 \times 5 + 100 \times 3) \div (5+3) = 91.1 > 90$이므로 시험을 만점으로 3번 더 보면 평균점수가 90점 이상이 됩니다. 따라서 철만이는 최소한 시험을 3번 더 보아야 합니다. **답** 3번

2 부분평균과 전체평균—상

평균값 문제 가운데 부분 평균과 전체평균을 다루는 문제들을 볼 수 있습니다.

예제
5

A팀에 직원 8명이 있고, B팀에 직원 12명이 있습니다. 생산량 통계를 보니 두 팀의 직원들은 1인당 평균 12개를 생산하는데, A팀의 직원들이 B팀의 직원들보다 평균 5개를 더 많이 생산했습니다. 이때, A팀의 직원들과 B팀의 직원들은 각각 평균 몇 개를 생산했습니까?

> ✿TIP
> B팀에서 직원들이 평균 x개의 부품을 만든다면, A팀에서 직원들이 만드는 부품의 평균값은 $(x+5)$개입니다. 총생산량을 식으로 만듭니다.

> **풀이** B팀에서 직원들이 평균 x개의 부품을 만든다면, A팀에서 직원들이 만드는 부품의 평균은 $(x+5)$개입니다. 총생산량을 식으로 만듭니다.
> $8\times(x+5)+12\times x=12\times(8+12)$를 풀면 $x=10$, 또, $x+5=10+5=15$입니다.
> 따라서 A팀과 B팀의 직원들은 각각 평균 15개, 10개를 평균 생산했습니다.
>
> **설명** (1) A팀 직원들의 평균 생산 개수를 미지수 y라 정하고, 방정식 $8\times y+12\times(y-5)=12\times(8+12)$
> 를 풀면 $y=15$입니다. 위의 결론과 같습니다.
> (2) 모자라는 부분을 보충하는 풀이는 두 가지가 있습니다.
> ① 만약 B팀 직원들이 모두 5개씩 더 만든다면(총 개수는 5×12개가 더 많습니다.),
>   A팀 직원들은 평균
> $\{12\times(8+12)+5\times12\}\div(8+12)=15$(개)를 만들기 때문에,
>   따라서 B팀 직원들은 평균 $15-5=10$(개)씩 만듭니다.
> ② 만약 A팀 직원들이 5개씩 덜 만든다면(총 개수는 5×8개 적습니다.), B팀의 직원들이
> $\{12\times(8+12)-5\times8\}\div(8+12)=10$(개)
>   를 만듭니다. 따라서 A팀 직원들은 $10+5=15$(개)씩 만듭니다. 🔲 15개, 10개

예제
6

숫자 두 그룹이 있습니다. 첫 번째 그룹의 16개 숫자의 합은 98이고, 두 번째 그룹의 평균은 11입니다. 두 그룹의 모든 숫자들의 평균이 8이라면 두 번째 그룹의 숫자는 몇 개입니까?

> ✿TIP
> 두 번째 그룹의 숫자가 x개라고 하면, 두 그룹의 숫자는 모두 $(x+16)$개입니다. 두 그룹의 숫자들의 합으로 식을 만들면 $98+16\times x=8\times(x+16)$입니다.

> **풀이** 두 번째 그룹의 숫자가 x개라고 하면, 두 그룹의 숫자는 모두 $(x+16)$개입니다.
> 두 그룹의 숫자들의 합으로 식을 만들면 $98+11\times x=8\times(x+16)$입니다.
> $x=(8\times16-98)\div(11-8)=10$입니다.
> 따라서 두 번째 그룹에는 10개의 숫자가 있습니다.
>
> **설명** 종합식은 $(8\times16-98)\div(11-8)=10$이 됩니다. 🔲 11가지

예제 **7**

5학년 학생들이 수학경시대회에 참가하여 받은 평균점수가 75점이었습니다. 학생들 중 남학생이 여학생보다 여학생의 $\frac{4}{5}$가 더 많았고 여학생의 평균점수는 남학생의 평균점수보다 남학생의 평균점수의 $\frac{1}{5}$만큼 더 높았습니다. 그렇다면 여학생들의 평균점수는 몇 점입니까?

⚙TIP

여학생 수를 x명이라 하면 남학생 수는 $x+0.8\times x=1.8\times x$(명)입니다. 남학생의 평균점수를 y라 하면, 여학생의 평균점수는 $y+0.2\times y=1.2\times y$(점)입니다.

> **풀이** 여학생 수를 x명이라 하면 남학생 수는 $x+0.8\times x=1.8\times x$(명)입니다.
> 남학생의 평균점수를 y라 하면, 여학생의 평균점수는 $y+0.2\times y=1.2\times y$(점)입니다.
> 총점으로 식을 만들면
> $$\underbrace{1.8\times x\times y}_{\text{남학생 점수}}+\underbrace{1.2\times y\times x}_{\text{여학생 점수}}=\underbrace{75\times(x+1.8\times x)}_{\text{총점}},$$
> 양변을 x로 나누면 $1.8\times y+1.2\times y=75\times 2.8$이 되고, $3\times y=210$, $y=70$입니다.
> 따라서 여학생의 평균 점수는 $1.2\times 70=84$(점)입니다.　　　　🔲 84점

예제 **8**

현아네 반 학생수는 50명입니다. 수학 시험 후 성적순으로 명단을 만든 후 분석해보니 상위 30명의 평균점수는 하위 20명의 평균 점수보다 12점이 높았습니다. 현아가 평균의 개념을 정확히 몰라 상위 30명의 평균성적과 하위 20명의 평균성적을 더하고 2로 나누어 반 전체 평균 점수로 잘못 계산했습니다. 이렇게 하면 반 평균 점수가 올라갑니까? 내려갑니까? 몇 점이 오르거나 내려갑니까?

⚙TIP

하위 20명의 평균점수를 a점이라고 한다면 상위 30명의 평균점수는 $(a+12)$점입니다. 실제로 반 전체 $30+20=50$(명)의 평균점수는 $\{(a+12)\times 30+20\times a\times(30+20)\}$입니다.

> **풀이** 20명의 평균 점수를 a점이라고 한다면 30명의 평균점수는 $(a+12)$점입니다.
> 따라서 반 전체 $30+20=50$(명)의 평균점수는
> $$\{(a+12)\times 30+20\times a\}\div(30+20)=a+7.2\text{(점)}$$ 입니다.
> 그러므로 이 학생이 잘못 구한 반 전체 평균 점수는 $\{a+(a+12)\}\div 2=a+6$(점)입니다.
> $a+7.2>a+6$이므로 반 전체 평균 점수는 더 내려갔고,
> 내려간 점수는 $a+7.2-(a+6)=1.2$(점) 입니다.　　　　🔲 내려갑니다. 1.2점

01 다음 물음에 답하시오.

(1) 영훈이네 가족은 5명입니다. 영훈이를 제외한 4명의 몸무게의 평균은 56kg이고, 영훈이를 함께 계산하면 온 가족의 몸무게의 평균은 2.6kg 줄어듭니다. 그렇다면 영훈이는 몇 kg입니까?

(2) 4개의 수가 있는데, 이 네 수의 평균이 56입니다. 만약 그 중 한 수를 80으로 고친다면 이 네 수의 평균은 60으로 바뀝니다. 그렇다면 바뀌기 전의 수는 얼마입니까?

02 다음 물음에 답하시오.

(1) 준영이의 지금까지의 시험의 평균점수는 84점입니다. 이번 시험에서 94점을 받아서 평균점수는 86점으로 올랐다면, 이번이 몇 번째 시험입니까?

(2) 현아가 지난 학기 경시대회에 몇 번 참가한 적이 있습니다. 현아가 다음번 경시대회에서 71점을 받는다면 평균점수가 83점이 되고, 99점을 받는다면 평균점수가 87점이 됩니다. 현아는 지금까지 경시대회에 몇 번 참가하였습니까?

03 슬기가 $1+2+3+\cdots$의 합을 구했는데, 어떤 수를 한 번 더 더한 것을 발견했고 평균을 구했더니 9.8이었습니다. 현아가 한 번 더 더한 수는 무엇입니까?

04 다음 물음에 답하시오.

(1) 갑이 계산기를 사용하여 숫자 2000개의 평균을 계산한 후, 실수로 2000개의 수의 평균과 같은 새로운 수 한 개를 섞어 놓았습니다. 그런데 이 숫자 2001개의 평균이 2001이라면 원래의 수 2000개의 평균은 얼마입니까?

(2) 지훈이가 수 10개의 평균을 구하고 그 평균과 같은 수 1개를 더해서 11개의 평균을 구하고, 다시 그 평균과 같은 수 1개를 더해서 12개의 평균을 구하고 다시 그 평균과 같은 수를 더해서 평균을 구하는 방법으로 5번을 계산했을 때 평균이 23이라면, 처음 10개 수의 평균은 얼마입니까?

05 6명의 학생들의 평균점수가 92.5점이고 그들의 성적은 서로 다릅니다. 최고점수가 99점, 최저점수가 76점이라면 높은 점수부터 차례대로 나열할 때, 3등 학생의 성적은 최소한 몇 점입니까?

01 갑과 을 두 대의 차가 동시에 A에서 B로 갔다가 다시 A로 되돌아왔습니다. 갑이 B로 갈 때 속력은 시간당 시속 60km이고, A로 돌아올 때의 속력은 시간당 40km입니다. 을의 왕복 평균 속력이 시간당 50km라면 어떤 차가 먼저 A에 도착합니까?

02 5학년 1반 학생들이 수학경시대회에 참가한 성적이 다음과 같습니다. 반 전체 평균이 90점, 남학생의 평균이 88점, 여학생의 평균이 93점이었습니다. 이 반의 여학생이 18명이라면 남학생의 수는 몇 명입니까?

03 6번의 수학시험 결과 평균점수가 a점인데, 나중 4번의 평균점수는 a보다 3점이 높습니다. 첫 번째, 두 번째, 여섯 번째까지의 평균점수는 a점보다 3.6점이 낮다면, 앞의 5번의 평균점수는 a보다 몇 점 높습니까, 낮습니까?

04 갑과 을 사탕 바구니의 가격은 같습니다. 갑 바구니의 사탕은 kg당 600원이고, 을 바구니의 사탕은 kg당 400원일 때, 만약 이 2종류의 사탕을 같은 양을 섞어 사탕세트를 만든다면 사탕세트는 kg당 최소한 얼마에 팔아야 손해를 보지 않습니까?

05 학생 10명의 평균키가 150cm이고, 그 중 150cm보다 작은 학생들의 평균키는 120cm, 150cm보다 큰 학생들의 평균키는 170cm입니다. 그렇다면 키가 정확히 150cm인 학생은 최대 몇 명입니까?

01 아래의 그림은 자연수를 순서대로 배열한 숫자표입니다. 십자모양의 울타리를 사용하여 5개의 숫자를 묶을 수 있습니다. 그림에서 묶여 있는 울타리 안의 숫자 가운데 가장자리의 숫자 4개를 모두 더하면 48입니다. 만약 울타리의 숫자 5개에서 가장자리 숫자 4개의 합이 624라면 이 4개의 숫자는 각각 무엇입니까?

1	2	3	4	5	6	7
8	9	10	11	12	13	14
15	16	17	18	19	20	21
…	…	…	…	…	…	…

02 1999개의 연속한 자연수에서 가장 작은 수와 가장 큰 수의 평균이 1999라면 가장 작은 수와 가장 큰 수는 각각 무엇입니까?

03 34개 짝수의 평균을 소수 첫째자리까지 계산하면 15.9입니다. 만약 소수 둘째자리까지 계산한다면 그 최솟값은 얼마입니까?

04 선생님이 세 모둠의 학생들에게 연필을 나누어 줍니다. 만약 첫 번째 모둠에게만 나누어 준다면 한 명당 12자루씩, 두 번째 모둠에게만 나누어 준다면 한 명당 15자루씩, 세 번째 모둠에게만 나누어 준다면 한 명당 20자루씩 받게 됩니다. 만약 연필을 세모둠의 학생에게 똑같이 나누어 준다면 한 명당 몇 자루씩 받게 됩니까?

05 진수네 반 학생이 100점 만점인 시험을 보았습니다. 진수의 성적의 십의 자릿수와 일의 자릿수를 서로 바꾸고 다른 학생들의 점수는 그대로 둔다면, 반 전체의 평균 점수는 원래 평균 점수보다 2점 떨어집니다. 그렇다면 진수는 이번 시험에서 몇 점을 받았습니까?
(단, 진수네 반 학생은 30명~40명 사이입니다.)

06 수학사랑 동아리 학생 50명의 나이의 평균은 12.2살입니다. 이 학생들 중 어떤 2명의 나이 차이도 모두 3살 이하라면, 이 동아리 학생 가운데 가장 나이가 많은 학생은 몇 살입니까? 만약 나이가 제일 많은 학생이 1명이라면 이 반에서 나이가 가장 많지도 않고, 가장 적지도 않은 학생은 최대 몇 명입니까?

03 평균값(Ⅱ)

1 부분평균과 전체평균-하

예제
1

한빛 초등학교 1100명의 학생들이 불우이웃돕기 모금을 하였습니다. 남학생의 $\frac{1}{4}$이 200원을 내고, $\frac{3}{4}$이 600원을 냈습니다.

여학생의 $\frac{1}{4}$이 800원을, $\frac{3}{4}$이 400원을 냈습니다. 전교 학생들은

1인당 평균 얼마를 냈습니까? 또, 모금총액은 얼마입니까?

⚙ TIP

200원을 낸 남학생수를 x명이라 하면 600원을 낸 남학생은 $3 \times x$ 명입니다. 800원을 낸 여학생 수를 y명이라 하면 400원을 낸 여학생은 $3 \times y$명입니다.

풀이1 200원을 낸 남학생 수를 x명이라 하면 600원을 낸 남학생은 $3 \times x$명입니다.
800원을 낸 여학생 수를 y명이라 하면 400원을 낸 여학생은 $3 \times y$명입니다.
따라서 전교의 총 모금액은
$200 \times x + 600 \times 3 \times x + 800 \times y + 400 \times 3 \times y = 2000 \times (x+y)$ 입니다.
또, 총 학생 수는 $(x + 3 \times x) + (y + 3 \times y) = 4 \times (x+y)$입니다.
따라서 전교 학생의 1인당 평균 금액은 $2000 \times (x+y) \div \{4 \times (x+y)\} = 500$(원)입니다.
그러므로 전체 모금액은 $500 \times 1100 = 550000$(원)입니다.

풀이2 200원을 낸 남학생을 x명이라 하면 600원을 낸 남학생은 $3 \times x$명입니다. 따라서 남학생의 1인당 평균금액은
$(200 \times x + 600 \times 3 \times x) \div (x + 3 \times x) = (2000 \times x) \div (4 \times x) = 500$(원)입니다.
마찬가지로 여학생의 평균 금액을 구하면 500원입니다.
따라서 전교 학생의 1인당 평균 모금액은 500원이며, 총 모금액은
$500 \times 1100 = 550000$(원)입니다.

주의 이 문제에서는 다음과 같은 결론을 이끌어냈습니다. 어느 그룹들의 평균을 a라고 한다면 이 그룹들의 전체의 평균값도 a입니다.

답 550000원

예제 **2**

5학년 1반과 2반 학생들 몇 명이 경시대회에 몇 차례 참가하였습니다. 1반 남학생의 평균점수가 71점, 여학생의 평균점수가 76점이고, 반 전체 평균 점수가 74점입니다. 2반 남학생의 평균점수가 81점, 여학생의 평균점수가 90점이고, 반 전체 평균 점수가 84점입니다. 두 반의 남학생의 전체 평균 점수가 79점이면, 두 반의 여학생의 전체 평균 점수는 몇 점입니까?

> **TIP**
>
> 1반의 남학생 수를 x_1명, 여학생 수를 y_1명으로 합니다. 2반의 남학생 수를 x_2명, 여학생 수를 y_2명으로 합니다. 5학년 1반의 총점으로 방정식을 세우면,
> $71 \times x_1 + 76 \times y_1 = 74 \times (x_1 + y_1)$ 입니다.

풀이

1반의 남학생 수를 x_1명, 여학생 수를 y_1명으로 합니다. 2반의 남학생 수를 x_2명, 여학생 수를 y_2명으로 합니다. 6학년 1반의 총점으로 식을 세우면,

$71 \times x_1 + 76 \times y_1 = 74 \times (x_1 + y_1)$ 입니다.

양변에서 $71 \times x_1 + 74 \times y_2$를 빼면

$76 \times y_1 - 74 \times y_1 = 74 \times x_1 - 71 \times x_1$입니다.

즉, $y_1 = 1.5 \times x_1$입니다. ……………………①

6학년 2반의 총득점은

$81 \times x_2 + 90 \times y_2 = 84 \times (x_2 + y_2)$

양변에서 $81 \times x_2 + 84 \times y_2$를 빼면,

$90 \times y_2 - 84 \times y_2 = 84 \times x_2 - 81 \times x_2$

간단히 하면 $3 \times x_2 = 6 \times y_2$, 즉, $x_2 = 2 \times y_2$……②

두 반의 모든 남학생의 총점은 $71 \times x_1 + 81 \times x_2 = 79 \times (x_1 + x_2)$입니다.

양변에서 $71 \times x_1 + 79 \times x_2$를 빼면

$81 \times x_2 - 79 \times x_2 = 79 \times x_1 - 71 \times x_1$입니다.

간단히 줄여 $2 \times x_2 = 8 \times x_1$, 즉, $x_2 = 4 \times x_1$……③

②와 ③ 두 식을 비교하면

$2 \times y_2 = 4 \times x_1$, 즉 $y_2 = 2 \times x_1$ ………………………④

때문에 ①과 ④로 두 반의 여학생 수를 구하면

$y_1 + y_2 = 1.5 \times x_1 + 2 \times x_1 = 3.5 \times x_1$ 입니다.

따라서 두 반의 여학생의 총점은

$76 \times y_1 + 90 \times y_2 = 76 \times 1.5 \times x_1 + 90 \times 2 \times x_1 = 294 \times x_1$ 입니다.

그러므로 두 반의 여학생의 평균점수는

$(76 \times y_1 + 9 \times 0y_2) \div (y_1 + y_2) = (294 \times x_1) \div (3.5 \times x_1) = 294 \div 3.5 = 84$(점)입니다.

설명

우리의 목표는 식의 값을 구하는 것이므로 y_1, y_2를 식 ①, ②, ③을 통해 x_1으로 표현된 식 ①, ④로 만듭니다. 그래서 x_1을 없애는 것이 목표입니다.

답 84점

갑, 을, 병, 정 네 친구가 두 사람씩 모두 6번을 재보았더니 평균몸무게가 각각 33.5kg, 34.5kg, 35kg, 36kg, 36.5kg, 37.5kg가 나왔습니다. 4명의 평균 몸무게는 몇 kg입니까?

⊕ TIP

한 사람마다 다른 세 사람과 모두 짝을 지어 잴 수 있으므로, 문제에 나온 6개의 몸무게는 각 사람의 체중을 3번씩 계산한 것입니다.

풀이1 한 사람마다 다른 세 사람과 모두 짝을 지어 잴 수 있으므로 6개의 몸무게는 각 사람의 체중을 3번씩 계산한 것입니다.

(갑＋을)의 체중＝(갑과 을의 평균체중)×2
(갑＋병)의 체중＝(갑과 병의 평균체중)×2
(갑＋정)의 체중＝(갑과 정의 평균체중)×2
(을＋병)의 체중＝(을과 병의 평균체중)×2
(을＋정)의 체중＝(을과 정의 평균체중)×2
(병＋정)의 체중＝(병과 정의 평균체중)×2

위의 6개의 식을 더하면,

3×(갑＋을＋병＋정)의 몸무게＝6개의 평균몸무게를 각각 2를 곱한 값의 합입니다.

즉, 3×(갑＋을＋병＋정)의 몸무게

＝33.5×2＋34.5×2＋35×2＋36×2＋36.5×2＋37.5×2＝426입니다.

양변을 모두 3으로 나누면

(갑＋을＋병＋정)의 몸무게＝426÷3＝142입니다.

따라서 갑, 을, 병, 정 네 사람의 평균체중은 142÷4＝35.5(kg)입니다.

풀이2 네 친구가 둘씩 잰 6개의 몸무게는 모두 다르므로 반드시 2명의 가벼운 사람과 2명의 무거운 사람으로 나뉩니다. 가벼운 2명의 체중의 합은 33.5×2(kg)이고, 더 무거운 2명의 체중의 합은 37.5×2(kg)입니다.

따라서 4명의 평균몸무게는 (33.5×2＋37.5×2)÷4＝35.5(kg)입니다. **目** 35.5kg

2 평균으로부터 각각의 수 구하기

　3개의 수가 있습니다. 갑과 을의 평균은 21.5이고, 을과 병의 평균은 22.5이며, 갑과 병의 평균은 16입니다. 이 세 수는 각각 얼마입니까?

　이것은 제시된 평균으로 각각의 수를 구하는 문제입니다.

　우리는 등식의 성질을 이용해서 다음과 같이 풀이할 수 있습니다.

$$갑 + 을 = 2 × 21.5 = 43 \quad \text{……………………………………………} ①$$
$$을 + 병 = 2 × 22.5 = 45 \quad \text{……………………………………………} ②$$
$$갑 + 병 = 2 × 16 = 32 \quad \text{………………………………………………} ③$$

이므로, ①＋②＋③은 $2 ×$ (갑＋을＋병)＝43＋45＋32입니다.

$$양변을 2로 나누면 갑＋을＋병＝(43＋45＋32) ÷ 2 = 60 \quad \text{………} ④$$
$$④ － ①에서 병＝60－43＝17$$
$$④ － ②에서 갑＝60－45＝15$$
$$④ － ③에서 을＝60－32＝28을 구합니다.$$

또 다른 풀이는 다음과 같습니다.

$$① － ③(갑을 소거합니다.)하면, 을－병＝11입니다. \quad \text{………………} ⑤$$
$$⑤ ＋②하면 2 × 을＝45＋11, 을＝(45＋11) ÷ 2 = 28입니다.$$
$$② － ⑤하면 병＝(45－11) ÷ 2 = 17입니다.$$

　(또는, 을＝28을 ②식에 대입하면 병＝45－28＝17입니다.)
　을＝28을 ①에 대입하면 갑＝43－28＝15입니다.
　(또는, 병＝17을 ③식에 대입하면 갑＝32－17＝15입니다.)

　이러한 풀이는 간단하게, 무조건 외워야 하는 공식은 아닙니다.
　이러한 풀이 방법을 이해하는 것은 초등수학 다음으로 이어지는 중학수학 학습에 매우 큰 도움이 됩니다.

[주의] ②, ⑤에서 '합차공식'으로 직접 큰 수＝(45＋1) ÷ 2 = 28, 작은 수＝(45－11) ÷ 2 = 17를 구할 수 있습니다.

예제 4

수학 시험에서 갑, 을, 병, 정 4사람의 성적은 다음과 같습니다. 갑, 을, 병 3사람의 평균은 94점입니다. 을, 병, 정 3사람의 평균은 92점입니다. 갑, 정 2사람의 평균이 96점이라면, 갑은 몇 점을 받았습니까?

> **TIP**
> 갑+을+병=3×94
> 을+병+정=3×92
> 갑+정=2×96

풀이

갑+을+병=94×3=282(점)·······················①
을+병+정=92×3=276(점)·······················②
갑+정=96×2=192(점)···························③
3개의 식을 더하면
2×(갑+을+병+정)=282+276+192입니다.
따라서
갑+을+병+정=(282+276+192)÷2=375(점) ···④
④-②에서 갑=375-276=99(점)입니다.

답 99점

예제 5

네 수 A, B, C, D의 평균은 38입니다. A와 B의 평균은 42이고, 세 수 B, C, D의 평균이 36이라면, B는 얼마입니까?

> **TIP**
> A+B+C+D=4×38
> A+B=2×42
> B+C+D=3×36

풀이

A, B, C, D의 평균이 38이므로
A+B+C+D=38×4=152 ··············①
B, C, D의 평균의
B+C+D=36×3=108입니다.··············②
①-②에서 A=152-108=44입니다.
또, A, B의 평균이 42이므로 A+B=42×2=84입니다.
즉, B=84-A입니다. ·····················③
A=44를 ③에 대입하면 B=84-44=40입니다.

답 40

예제 6

5명의 어린이들이 있습니다. 한 번에 두 사람씩 모두 10번 몸무게를 쟀습니다. 두 사람씩 잰 평균몸무게는 순서대로 27.5kg, 28.5kg, 29kg, 29.5kg, 30kg, 31kg, 31.5kg, 32kg, 33kg, 34kg입니다. 그렇다면, 가장 가벼운 어린이의 몸무게는 몇 kg입니까?

> **TIP**
> 5명의 어린이 가운데 두 사람이 함께 한 번씩 몸무게를 잽니다. 10번 재는 동안 한 명의 어린이는 4번 잽니다.

풀이

5명의 어린이 가운데 두 사람이 함께 한 번씩 몸무게를 잰다. 10번 재는 동안 한 명의 어린이당 4번 잽니다. 따라서 5명의 몸무게를 합하면
(27.5+28.5+29+29.5+30+31+31.5+32+33+34) ×2÷4=153(kg)입니다.
다섯 어린이의 몸무게를 A<B<C<D<E 순서라고 하면,
A+B=27.5×2, A+C=28.5×2, D+E=34×2입니다.
여기에서 C의 몸무게=5명의 총 몸무게-(A+B)-(D+E)
=153-27.5×2-34×2=30(kg)입니다.
A+C=28.5×2이고 C=30이므로 A=28.5×2-30=27(kg)입니다. **답** 27kg

01 문영 초등학교에는 1000명의 학생이 있는데, 불우이웃돕기를 위해서 학생들이 책을 기부하였습니다. 남학생의 절반은 1인당 9권을 기부하고, 나머지 남학생은 1인당 5권을 기부하였습니다. 여학생의 절반은 1인당 8권을 기부하고, 나머지 여학생은 1인당 6권을 기부하였습니다. 전교생이 기부한 책은 모두 몇 권입니까?

02 갑과 을 두 사람이 가진 돈의 평균은 2400원이고, 을과 병 두 사람이 가진 돈의 평균은 2500원이고, 갑과 병 두 사람이 가진 돈의 평균은 2900원입니다. 세 사람 중에서 돈을 가장 많이 가진 사람은 가장 적게 가진 사람보다 얼마가 더 많습니까?

03 5학년 수학시험에서 전체 평균 점수는 91점이고 그 중 남학생의 평균 점수는 93점, 여학생의 평균 점수는 88점입니다. 5학년의 남학생 수는 여학생 수의 몇 배입니까?

04 A, B, C, D 4명의 학생이 시험을 보았는데, A, B, C 3명의 평균 점수는 80점, B, C, D 3명의 평균점수는 85점, C, D, A 3명의 평균점수는 83점, D, A, B 3명의 평균점수는 82점입니다. A, B, C, D 4명의 평균점수는 몇 점입니까?

05 6개의 수가 일렬로 놓여 있습니다. 이 수들의 평균은 27이고, 앞의 수 4개의 평균은 23, 뒤의 수 3개의 평균은 34입니다. 이때, 4번째 수를 구하시오.

01 한 초등학교의 남녀학생 수가 같습니다. 불우이웃돕기에서 남학생의 $\frac{2}{5}$가 1인당 4000원을 기부하고, $\frac{3}{5}$이 1인당 5000원씩 기부하였습니다. 여학생의 $\frac{1}{4}$이 1인당 6000원을 기부하고, $\frac{3}{4}$이 1인당 4000원을 기부하였습니다. 전교생의 평균 모금액은 얼마입니까?

02 4개의 수가 있습니다. 그 중 2개를 골라 더한 수에서 나머지 두 수의 평균을 뺍니다. 이런 방법으로 6번 계산했더니, 각각 43, 53, 57, 63, 69, 78이 나왔습니다. 4개의 수의 평균은 얼마입니까?

03 어떤 시험에서 A, B, C, D, E 5명의 학생들의 평균점수는 C, D, E 3명의 평균점수보다 4점이 낮습니다. A, B 2명의 평균점수는 75점일 때, 5명의 평균점수를 구하시오.

04 다음 물음에 답하시오.

(1) A, B, C, D 4개의 수의 평균은 75입니다. A와 B의 평균은 C와 D의 평균보다 2 큽니다. A가 90이라면 B는 얼마입니까?

(2) A, B, C, D 4개의 수의 평균은 84입니다. A, B의 평균이 72이고, B, C의 평균이 76이고, B, D의 평균이 80이라면 D는 얼마입니까?

05 어떤 공장의 A, B, C, D, E 5명이 부품을 공동으로 생산합니다. 그 중 A, B, C, D 4명의 평균 생산량은 80개이고, C와 D의 평균생산량은 A, B, C, D 4명의 평균보다 25개가 적습니다. A와 B가 생산한 부품의 개수의 합이 E의 3배일 때, 5명이 생산한 부품수의 평균을 구하시오.

01 자연수 15개를 A와 B 두 그룹으로 나누었습니다. A그룹의 6개 수의 평균은 B그룹의 9개 수의 평균의 2배입니다. 두 그룹의 평균의 합이 48일 때, 자연수 15개의 평균은 얼마입니까?

02 진아가 올해 본 첫 번째부터 다섯 번째까지의 수학시험의 총점은 428점이고, 6번째부터 9번째 시험까지의 평균점수는 첫 번째부터 다섯 번째까지의 평균점수보다 1.4점 높습니다. 6번째부터 10번째까지 5번 시험의 평균점수가 10번의 시험 평균점수보다 높으려면 10번째 시험에서 최소한 몇 점을 받아야 합니까?

03 지금까지 본 수학시험 6번의 평균점수가 a인데, 나중 4번의 평균점수는 a보다 3점 높습니다. 만약 두 번째 시험이 첫 번째 시험보다 2점이 높다면 나중 5번의 평균 점수는 a보다 높습니까, 낮습니까? 또, 몇 점이 높거나 낮습니까?

04 학교에서 수학경시대회에 참가한 학생 9명의 점수를 계산했습니다. 앞의 5명의 평균점수를 계산하면 앞의 4명의 평균점수보다 1점이 낮고, 뒤의 5명의 평균점수를 계산하면 뒤의 4명의 평균점수보다 2점이 높습니다. 그렇다면 앞의 4명의 평균점수는 뒤의 4명의 평균점수보다 몇 점 높습니까?

05 수학 시험에서 승엽이와 친구 6명의 평균점수는 78점입니다. 그 중 최고득점은 97점이고, 최저득점은 64점이었습니다. 승엽이는 88점을 받았고, 나머지 6명 중 3명은 같은 점수를 받았습니다. 각각 다른 점수를 받은 5명의 평균점수는 80점이었고, 그 중 한 명인 동훈이는 최고득점도 아니고 최저득점도 아니고, 다른 사람의 점수와 모두 다릅니다. 동훈이의 점수는 몇 점입니까?

06 다음 표는 신혜네 반 학생 40명이 수학경시대회에 참가하여 받은 점수표입니다. 반 전체의 평균성적이 2.5점이라면 3점과 5점을 받은 학생 수 A, B는 각각 얼마입니까?

점수	0	1	2	3	4	5
인원 수	4	7	10	A	8	B

07 다이빙 경기에서 심사위원 10명이 점수를 매길 때, 규칙은 다음과 같습니다. 최종점수는 최고점수 하나와 최저점수 하나를 뺀 후의 평균입니다. 심사위원 10명이 갑과 을 두 선수에게 매긴 점수의 평균은 9.75와 9.76입니다. 그 중 최고점수와 최저점수의 평균은 각각 9.83과 9.84입니다. 그렇다면 최종점수는 누가 더 높습니까?

08 60명을 넘지 않는 반을 1, 2 두 개 조로 나눈 다음 수학 시험의 성적 통계를 내보니 다음 표와 같다면, 이 반의 학생은 모두 몇 명입니까?

	1조 평균점수	2조 평균점수	반 전체 평균점수
남학생	71	76	74
여학생	78	93	
반 전체	76	84	

09 4개의 서로 다른 자연수로 모둠을 만들었습니다. 가장 작은 수와 다른 수 3개의 평균의 합은 17이고, 가장 큰 수와 다른 수 3개의 평균의 합은 29입니다. 이때, 가장 큰 수의 최댓값은 얼마입니까?

04 직육면체와 정육면체의 겉넓이와 부피

직육면체(정육면체를 포함)는 자주 볼 수 있는 입체도형 가운데 하나입니다.

이번 장에서는 부피와 겉넓이를 구하는 법, 직육면체를 쪼갠 후 개수의 계산법, 직육면체의 겉면 칠하기 문제라는 3가지 내용을 소개합니다.

1 부피와 겉넓이

직육면체는 6개의 직사각형으로 둘러싸인 입체도형이므로, 마주보는 면(모두 3쌍)끼리 합동이고,([그림 1]에서 앞면과 뒷면, 윗면과 아랫면, 왼쪽 옆면과 오른쪽 옆면이 같습니다.)

또, 평행한 모서리의 길이가 같습니다. (평행한 모서리는 실제로는 3쌍입니다.)

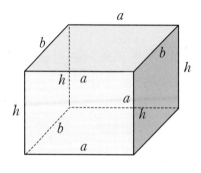

[그림 1]

[그림 1]에서 직육면체의 가로, 세로, 높이를 각각 a, b, h라 하면, 이 직육면체의 부피는 $V_{직육면체} = abh$입니다. 겉넓이는 $S_{직육면체} = 2(ab + ah + bh)$입니다.

특히 $a = b = h$일 때, 직육면체는 정육면체이므로, 정육면체(모서리 길이는 a)의 부피는 $V_{정육면체} = a^3$, 겉넓이는 $S_{정육면체} = 6a^2$입니다.

예제
1 오른쪽 그림과 같이 직육면체에서 직육면체를 파내면 하나의 직사각형 틀이 됩니다. 이 입체도형의 겉넓이와 부피를 구하시오.

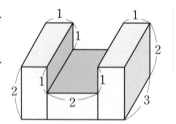

⚙ TIP
겉넓이를 구할 때 색칠한 부분을 조심해서 구하세요.

풀이 남은 입체도형의 앞면과 뒷면의 넓이의 합은
$(4 \times 2 - 2 \times 1) \times 2 = 12 (\text{cm}^2)$입니다.
또, 입체 도형의 나머지 부분의 옆면을 펼쳐서 직사각형으로 만듭니다.
이 직사각형의 가로는 凹 모양의 둘레이고 세로는 3이므로 옆넓이는
$\{(1+1+2+1+1) + 2 + (1+2+1) + 2\} \times 3 = 14 \times 3 = 42 (\text{cm}^2)$입니다.
따라서 입체도형의 겉넓이는 $S = 12 + 42 = 54 (\text{cm}^2)$입니다.
입체도형의 부피는 $V = 4 \times 3 \times 2 - 2 \times 3 \times 1 = 18 (\text{cm}^3)$입니다. 답 54cm^2, 18cm^3

예제 **2** 다음을 읽고 물음에 답하시오.

(1) 다음 그림과 같이 직육면체의 나무토막이 있습니다. 윗부분과 아랫부분에서 높이가 각각 3cm와 2cm인 직육면체를 잘라내었더니, 정육면체가 되었고, 겉넓이는 120cm² 줄었습니다. 처음 직육면체의 부피는 몇 cm³입니까?

TIP

(1) 직육면체를 잘라내서 정육면체가 되었으므로, 원래의 직육면체의 밑면은 정사각형입니다.

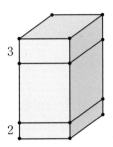

(2) 어느 한 직육면체에서 가로가 2cm 늘어나면, 부피가 40cm³ 증가하고, 세로가 3cm 늘어나면, 부피가 90cm³ 증가합니다. 또, 높이가 4cm 늘어나면, 부피가 96cm³ 증가한다면, 직육면체의 처음의 겉넓이는 몇 cm²입니까?

TIP

(2) 처음 직육면체의 가로, 세로, 높이를 각각 a, b, c라고 한다면 처음의 부피는 $V = abc$입니다.

풀이 (1) 직육면체를 잘라내서 정육면체가 되었으므로, 원래의 직육면체의 밑면은 정사각형입니다. 따라서 밑면인 정사각형의 둘레가
$120 \div (3+2) = 24$(cm)이므로 정사각형의 한 변의 길이는 $24 \div 4 = 6$(cm)입니다.
따라서 처음의 직육면체의 부피는 $6 \times 6 \times (6+3+2) = 396$(cm²)입니다.

(2) 직육면체의 처음의 가로, 세로, 높이를 각각 a, b, c라고 한다면 처음의 부피는
$V = abc$입니다.
첫 번째 조건에서 $(a+2) \times bc = abc + 40$, 즉 $abc + 2bc = abc + 40$이라는 것을 알 수 있습니다. 양변에서 abc를 빼면 $2bc = 40$입니다.
따라서 $bc = 40 \div 2 = 20$입니다.
마찬가지로 두 번째와 세 번째 조건으로
$ac = 90 \div 3 = 30$, $ab = 96 \div 4 = 24$라는 것을 알 수 있습니다.
따라서 직육면체의 겉넓이는 $2(ab + ac + bc) = 2(24 + 30 + 20) = 148$(cm²)입니다.

📖 (1) 396cm² (2) 148cm²

예제 3

1개의 직육면체가 있는데, 그것을 잘라 2개의 직육면체로 만들려고 합니다. 앞면, 뒷면과 평행이 되게 자른다면 겉넓이가 174cm² 증가하고, 옆면과 평행이 되도록 자른다면 겉넓이가 138cm² 증가합니다. 또, 윗면과 평행이 되게 자른다면 겉넓이는 1334cm² 이때, 이 직육면체의 부피는 몇 cm³입니까?

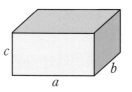

☆ **TIP**

직육면체를 앞면, 뒷면과 평행하게 자른다면, 늘어나는 넓이는 앞면의 넓이의 2배이고, 옆면과 평행하게 자른다면, 늘어나는 넓이는 옆면의 2배입니다.

풀이1 다음 그림처럼 직육면체의 가로, 세로, 높이를 각각 a, b, c(cm)라고 합니다. 잘린 면은 잘려서 만들어진 2개의 직육면체의 넓이이기 때문에, 증가한 넓이는 잘린 면의 넓이의 2배입니다. 따라서 주어진 조건으로 계산하면,

$$ac = 174 \div 2 = 87, \quad bc = 138 \div 2 = 69, \quad ab = 1334 \div 2 = 667$$입니다.

3개의 식을 서로 곱하면, $(ac) \times (bc) \times (ab) = 87 \times 69 \times 667$입니다.

즉, $(abc)^2 = (3 \times 29) \times (3 \times 23) \times (29 \times 23)$
$$= (29 \times 23 \times 3)^2$$

따라서 직육면체의 부피는 $abc = 29 \times 23 \times 3 = 2001$(cm³)입니다.

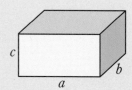

풀이2 ab, bc, ca를 구하는 부분과 [풀이1]과 같습니다.

$$ac = 87 = 29 \times 3, \quad bc = 69 = 23 \times 3, \quad ab = 667 = 29 \times 23$$입니다.

이 3가지 식을 풀면, $a = 29$, $b = 23$, $c = 3$입니다.

따라서 직육면체의 부피는 $abc = 29 \times 23 \times 3 = 2001$(cm³)입니다.

답 2001cm³

예제 4

오른쪽 그림은 한 변의 길이가 5cm인 정육면체인데, 검은 색 부분을 중앙을 관통하도록 끝까지 뚫었습니다. 이때, 남은 입체도형의 겉넓이를 구하시오.

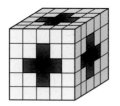

☆ **TIP**

구멍이 있는 이 정육면체를 8개의 꼭짓점에 있는 8개의 정육면체와 12개의 모서리의 정가운데에 있는 1개의 정육면체를 붙여서 만든 것으로 보면 됩니다.

풀이 구멍이 있는 이 정육면체를 8개의 꼭짓점에 있는 8개의 정육면체와 12개의 모서리 정 가운데에 있는 12개의 정육면체를 붙여서 만든 것으로 보면 됩니다. 즉, 모서리의 가운데에 있는 1개의 정육면체에는 2개의 접착면이 있습니다. 따라서 겉넓이는 $2 \times 2 = 4$cm²가 줄어듭니다. 따라서 겉넓이는 $(4 \times 6) \times 8 + 6 \times 12 - 4 \times 12 = 216$(cm²)입니다.

답 216cm²

2 직육면체를 쪼갠 후 개수의 계산

앞선 단계들에서 직선의 개수에 따른 직사각형의 개수를 구하는 방법을 설명했습니다.
이 방법들을 이용하여 직육면체의 개수를 계산하는 방법을 알 수 있습니다.

예제
5

다음 그림의 직육면체에서 그림의 선을 따라 여러 가지 모양으로
쪼갤 때 몇 개의 서로 다른 직육면체를 만들 수 있습니까?

⭐TIP

먼저 직육면체의 계산 방법에 따라 이 직육면체의 윗면 ABCD의 서로 다른 직사각형의 갯수를 구하면, (AD와 평행한 직선 수)×(AB와 평행한 직선 수) $=\{(6\times5)\div2\}\times\{(4\times3)\div2\}$ $=90$(개)입니다.

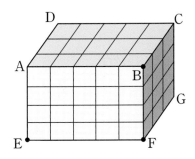

> 풀이　먼저 직육면체의 계산 방법에 따라 이 직육면체의 윗면 ABCD의 서로 다른 직사각형의
> 개수를 구하면,
> ($\overline{AD}$와 평행한 2개의 직선상의 수)×($\overline{AB}$와 평행한 2개의 직선 상의 수)
> $=\{(6\times5)\div2\}\times\{(4\times3)\div2\}=90$(개) 입니다.
> 윗면의 90개의 직사각형에서 1개에 대하여 그 아랫부분의 직육면체의 개수는 앞면 AEFB
> 에서 $\overline{EF}$와 평행한 2개의 직선의 수 $(5\times4)\div2=10$입니다.
> 따라서 서로 다른 직육면체의 개수는 $10\times90=900$(개)입니다.　　📋 900개

예제
6

다음 그림은 $3\times3\times3$인 정육면체입니다. 선을 따라 쪼개면 몇 개
의 서로 다른 정육면체를 만들 수 있습니까?

⭐TIP

모서리의 길이가 1, 2, 3인 경우로 나누어서 구합니다.

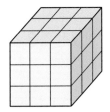

> 풀이　모서리의 길이에 따라 분류합니다.
> 모서리 길이가 1인 정육면체는 $3\times3\times3=3^3=27$개입니다.
> 모서리 길이가 2인 정육면체는 $2\times2\times2=2^3=8$개입니다.
> 모서리 길이가 3인 정육면체는 $1\times1\times1=1$개입니다.
> 따라서 정육면체는 모두 $3^3+2^3+1^3=36$(개)입니다.　　📋 36개

3 색 칠하기와 쪼개기

예제 7

가로가 6cm, 세로가 4cm, 높이가 3cm인 직육면체의 겉면 6개를 모두 빨간 색으로 칠한 후 이 직육면체를 길이가 1cm인 작은 정육면체들로 쪼개었습니다. 다음 물음에 답하시오.

(1) 쪼개었을 때 두 면에 빨간 색이 칠해진 정육면체는 모두 몇 개입니까?

(2) 쪼개었을 때 세면이 빨간 색으로 칠해진 정육면체는 모두 몇 개입니까?

(3) 한 면이 빨간색으로 칠해진 정육면체는 몇 개입니까?

(4) 빨간 색으로 칠한 면이 한 면도 없는 정육면체는 몇 개입니까?

✿TIP
두 면이 빨간 색으로 칠해진 정육면체는 12개 모서리의 중간(각 모서리에서 꼭짓점에 있는 정육면체 2개를 제외한)의 작은 정육면체의 개수의 합입니다.

풀이

(1) 두 면이 빨간 색으로 칠해진 작은 정육면체는 12개 모서리의 중간(각 모서리에서 꼭짓점에 있는 정육면체 2개를 제외한)의 작은 정육면체의 개수의 합입니다. 따라서 모두

$$4 \times (6-2) + 4 \times (4-2) + 4 \times (3-2)$$
$$= 4 \times \{(6-2) + (4-2) + (3-2)\}$$
$$= 4 \times (4+2+1) = 28(\text{개})\text{입니다.}$$

(2) 세 면이 빨간 색으로 칠해진 정육면체는 꼭짓점에 있는 8개의 작은 정육면체입니다.

(3) 한 면이 빨간 색으로 칠해진 정육면체는 큰 직육면체의 각 면에서 모서리의 작은 정육면체를 제외한 부분입니다. 따라서 모두

$$2 \times \{(6-2) \times (4-2) + (6-2) \times (3-2) + (4-2) \times (3-2)\}$$
$$= 2 \times (8+4+2) = 28(\text{개})\text{입니다.}$$

(4) 빨간 색으로 칠하지 않은 작은 정육면체는 겉면 한 겹을 없앤 직육면체를 잘라서 만든 작은 정육면체입니다. 따라서 모두

$$(6-2) \times (4-2) \times (3-2) = 8(\text{개})\text{입니다.}$$

답 (1) 28개 (2) 8개 (3) 28개 (4) 8개

예제 8

겉면을 빨간 색으로 칠한 정육면체가 10개 있습니다. 그 모서리의 길이는 각각 2, 4, 6, …, 20입니다. 이 정육면체들을 모두 길이가 1인 작은 정육면체로 자른다면, 적어도 한 면이 칠해진 작은 정육면체는 모두 몇 개입니까?

분석
각 정육면체마다 구하는 것보다 모서리의 길이가 2인 정육면체를 모서리의 길이가 4인 정육면체 안으로 넣습니다.

풀이

모서리의 길이가 2인 정육면체를 모서리가 1인 작은 정육면체로 자른 후 각 조각은 모두 적어도 한 면은 칠해져 있습니다. 모서리의 길이가 4인 정육면체 안의 모서리가 2인 정육면체의 겉면은 칠해지지 않았습니다. 만약 모서리 길이가 2인 첫 번째 칠해진 것으로 그것을 대신하여 만든 한 정육면체를 자르면 각각의 모서리 길이가 1인 작은 정육면체는 모두 적어도 한 면이 칠해져 있습니다. 이와 같이 순서대로 앞 단계에서 칠한 정육면체를 뒷 단계의 큰 정육면체에 넣으면 마지막에는 모서리 길이가 20인 큰 정육면체가 됩니다.

그 안의 작은 정육면체는 모두 한 면 이상 칠해졌습니다. 따라서 적어도 한 면이 칠해진 작은 정육면체의 개수는 $20 \times 20 \times 20 = 8000(\text{개})$입니다.

답 8000개

01 다음 그림과 같은 입체도형이 있습니다. 겉넓이와 부피를 각각 구하시오.(단, 단위는 cm입니다.)

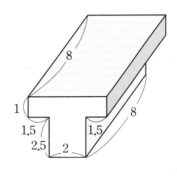

02 다음 물음에 답하시오.

(1) 밑면이 정사각형인 직육면체가 있습니다. 옆면을 펼치면 한변의 길이가 20cm인 정사각형이 된다면, 이 직육면체의 부피는 몇 cm^3입니까?

(2) 어느 한 정육면체의 겉넓이가 54cm^2입니다. 만약 이 정육면체를 2개의 직육면체로 자르면 이 2개의 직육면체의 겉넓이의 합은 몇 cm^2입니까?

(3) 한 변의 길이가 6cm인 정육면체의 겉면을 빨간 색으로 칠한 후 27개의 작은 정육면체로 잘랐습니다. 이 작은 정육면체 중 칠하지 않은 면의 넓이의 합은 몇 cm^2입니까?

03 다음 물음에 답하시오.

(1) 어느 직육면체의 앞면과 윗면의 넓이의 합은 $90cm^2$입니다. 만약 가로, 세로, 높이가 3개의 연속한 자연수라면 이 직육면체의 부피는 얼마입니까?

(2) 직육면체의 한 옆면과 뒷면의 넓이의 합이 $209cm^2$이고, 이 직육면체의 가로, 세로, 높이가 모두 소수라면 이 직육면체의 부피는 몇 cm^3입니까? (단, 소수는 약수가 1과 자기자신밖에 없습니다.)

(3) 어느 직육면체의 가로, 세로, 높이가 모두 자연수이고, 한 꼭짓점에 모인 세 면의 넓이가 각각 $96cm^2$, $40cm^2$, $60cm^2$일 때, 이 정육면체의 부피는 몇 cm^3입니까?

(4) 어느 직육면체의 세 면의 넓이가 각각 $2cm^2$, $3cm^2$, $6cm^2$일 때, 직육면체의 부피는 몇 cm^3입니까?

04 다음 물음에 답하시오.

(1) 다음 그림과 같이 작은 정육면체가 2층으로 쌓여있습니다. 검게 칠한 부분을 바닥까지 없앤다면, 몇 개의 작은 정육면체가 남습니까?

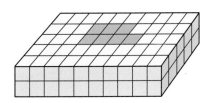

(2) 다음 그림에서 모눈을 따라 자르면 몇 개의 직육면체가 생깁니까? 또, 몇 개의 정육면체가 생깁니까?

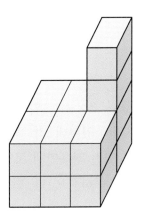

05 한 변의 길이가 $n$cm인 정육면체의 겉면을 칠한 후 길이가 1cm인 작은 정육각형으로 잘랐습니다. 한 면이 칠해진 작은 정육면체 개수가 한 면도 안 칠해진 작은 정육면체의 개수와 같다면 n은 얼마입니까?

01 다음 그림과 같은 입체도형의 겉넓이와 부피를 각각 구하시오.(단, 단위는 cm입니다.)

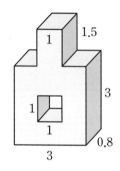

02 다음 그림과 같이 구멍이 뚫린 $3 \times 3 \times 3$의 큰 정육면체를 만들었습니다. 이 정육면체는 마주보는 면을 관통하는 구멍이 있는데, 각 구멍의 모양은 모두 큰 정육면체 옆면의 중앙에서 맞은편 중앙으로 뚫려 있는 직육면체 모양이고, 모서리의 길이는 $1 \times 1 \times 3$입니다. 이때, 이 입체도형의 겉넓이를 구하시오.(단, 단위는 cm입니다.)

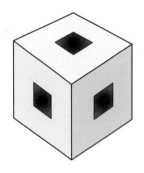

03 한 모서리의 길이가 16인 정육면체가 있습니다. 그 중 5개면에 빨간 색을 칠하고 나머지 한 면에는 칠하지 않았습니다. 이 정육면체를 모서리 길이가 모두 1인 작은 정육면체로 잘랐을 때, 이 작은 정육면체들 가운데 한 면만 빨간 색으로 칠해진 작은 정육면체는 몇 개입니까?

04 직육면체의 가로가 35cm, 세로가 33cm, 높이가 24cm입니다. 이 직육면체를 부피가 14cm³인 몇 개의 작은 직육면체로 남김없이 잘랐습니다. 작은 직육면체의 가로, 세로, 높이가 모두 자연수라면, 처음의 직육면체 가로는 몇 개의 모서리로 나누어 졌습니까?

05 정육면체 몇 개를 붙여서 큰 정육면체를 1개를 만들었습니다. 큰 정육면체의 6개의 면 중에서 몇 개를 빨간색으로 칠한 후 다시 쪼개었더니 그 결과 45개의 정육면체에 색칠이 되지 않은 것을 발견했습니다. 이때, 큰 정육면체에서 칠해진 면은 몇 개입니까?

이번 장에서는 3개의 내용을 설명하겠습니다.

① 나누어떨어짐, ② 약수 · 배수의 기본개념, ③ 자연수의 성질과 자연수에서의 개수 문제입니다.

1 나누어떨어짐, 약수와 배수

자연수 a를 자연수 b로 나누었을 때 몫이 자연수이고, 나머지(나머지가 0일 때)가 없을 때 우리는 a가 b로 나누어떨어졌다고 하거나 b가 a를 나누어떨어지게 할 수 있다고 말하고, $b \mid a$라고 표시합니다. 이때, a는 b의 배수이고, b는 a의 약수(또는 인수)라고 합니다.

㉑ $50 \div 5 = 10$에서 50은 5로 나누어떨어진다거나 5가 50을 나누어떨어지게 한다고 말하고, $5 \mid 50$으로 표시합니다. 50은 5의 배수이고, 5는 50의 약수입니다.

모든 자연수 a는 모두 $1 \mid a$가 가능하므로 1은 모든 자연수의 약수입니다.

1과 자기 자신 이렇게 두 개의 약수만 가지고 있는 자연수를 소수라고 합니다.

㉑ 2, 3, 5, 7, 11, 13……입니다.

예제
1

1부터 200까지의 자연수 200개 중에서 약수를 3개만 가진 수의 합은 얼마입니까?

> **분석**
> 3개의 약수를 가진 수는 반드시 a^2꼴이며, a는 소수입니다. 이때 약수는 1, a, a^2입니다.

> **풀이**   자연수의 약수는 짝을 이루고 있습니다.
> 만약 a가 A의 약수라면, $(A \div a) \times a = A$이기 때문에 $A \div a$ 역시 A의 약수입니다.
> 예를 들면 18의 약수는 1과 18, 2와 9, 3과 6입니다. 121의 약수는 1과 121, 11과 11입니다.
> 만약 같은 약수를 한 개의 약수로 본다면 121은 1, 11, 121, 3개의 약수를 가지고 있습니다.
> 여기에서 3개의 약수를 가진 수는 반드시 a^2 형식이며, a는 소수입니다.
> 즉, 약수는 1, a, a^2입니다. 따라서 다음과 같이 풀 수 있습니다.
> 1부터 200까지의 자연수 200개 중에서 약수를 3개만가진 수는 2^2, 3^2, 5^2, 7^2, 11^2, 13^2입니다.
> 이 수들의 합은 $2^2 + 3^2 + 5^2 + 7^2 + 11^2 + 13^2 = 377$입니다.
>   🔲 377

예제 **2**

갑, 을, 병 세 사람이 사격 연습을 하는데, 각각 3발을 쏘았고 세 사람이 맞춘 점수의 곱은 각각 모두 60입니다. 각자 쏜 점수의 합을 큰 순서대로 나열하면 갑, 을, 병일 때, 4번째로 높은 점수를 쏜 사람은 누구입니까? (단, 점수는 모두 1보다 큰 자연수이고 10점을 넘지 않습니다.)

⊕TIP

세 사람이 각각 맞춘 점수의 곱은 60이고, 점수가 1점 보다 높고 10점을 넘지 않으므로 60점을 아래의 곱셈식으로 만들 수 있습니다.
$60=2\times3\times10=2\times5\times6$
$\quad=3\times4\times5$

> **풀이** $60=2\times3\times10=2\times5\times6=3\times4\times5$
> $2+3+10>2+5+6>3+4+5$이므로 세 사람이 쏜 점수는 갑이 2, 3, 10이고, 을이 2, 5, 6이고, 병이 3, 4, 5입니다. 따라서 4번째 점수를 쏜 사람은 병입니다.   🗒 병

예제 **3**

민재가 제일 좋아하는 책을 순서대로 1, 2, 3, …으로 번호를 매겼습니다. 책에 매긴 번호의 합이 100의 배수이고 1000보다 작습니다. 가장 끝 번호는 ＿＿＿＿＿＿＿＿＿입니다.

⊕TIP

번호 중 가장 큰 수를 n이라고 한다면 번호의 합은 $1+2+3+\cdots+n=(n+1)\times n\div2$입니다. 번호의 합이 $100(=4\times25)$의 배수이므로 n과 $(n+1)$ 중에서 하나는 반드시 25의 배수이어야 합니다.

> **풀이** 만약 $n=25$라면 $n+1=26$입니다. 이때 번호의 합은 $26\times25\div2=325$로 100의 배수가 아니므로 조건에 맞지 않습니다.
> 만약 $n+1=25$라면 $n=24$입니다. 이때 번호의 합은 $25\times24\div2=300$으로 100의 배수이므로 조건에 맞습니다.
> 만약 $n\geq50$이거나 $n+1\geq50$이면서 25의 배수일 때, 번호의 합은 모두 1000보다 크므로 조건에 맞지 않습니다. 따라서 $n=24$일 때만 조건에 맞습니다. 즉, 민재가 매긴 가장 끝 번호는 24입니다.   🗒 24

2 나누어떨어지는 성질

[성질1] (나누어떨어지는 수의 덧셈과 뺄셈) 만약 자연수 a, b가 모두 c로 나누어떨어진다면 이 수들의 합인 $a+b$ 또는 차인 $a-b(a\geq b)$도 역시 c로 나누어떨어집니다.

즉, $c\mid a$, $c\mid b$라면 $c\mid(a\pm b)$입니다.

⑩ $8\mid32$, $8\mid24$이면 $8\mid(32+24)$, $8\mid(32-24)$입니다.

[성질2] (나누어떨어지는 수의 곱셈) 만약 m이 a를 나누어떨어지게 하고, n이 b를 나누어떨어지게 하면 $m\times n$은 $a\times b$를 나누어떨어지게 합니다.

즉, 만약 $m\mid a$, $n\mid b$라면 $m\times n\mid a\times b$입니다.

⑩ $2\mid14$, $3\mid15$라면 $2\times3\mid14\times15$입니다.

특히, 두 자연수를 서로 곱할 때 만약 그 중 한 약수가 어떤 자연수로 나누어떨어진다면 그 곱도 이 자연수로 나누어떨어집니다. 즉, $c\mid a$라면 $c\mid ab$입니다.

[성질3] (나누어떨어지는 수의 전달성) 만약 a가 b를 나누어떨어지게 하고, b는 c를 나누어떨어지게 하면, a는 c를 나누어떨어지게 할 수 있습니다. 즉, $a \mid b$, $b \mid c$이면 $a \mid c$입니다.

예 $2 \mid 8$, $8 \mid 24$라면 $2 \mid 24$입니다.

[성질4] (약수가 서로소일 때의 곱셈 성질) 만약 b, c가 모두 a를 나누어떨어지게 하고, b와 c가 서로소라면 (즉 b, c는 1외에는 공약수가 없습니다.) b와 c의 곱도 a를 나누어떨어지게 합니다.

즉, 만약 $b \mid a$, $c \mid a$이고 b와 c가 서로소라면 $b \times c \mid a$입니다.

예 $7 \mid 168$, $12 \mid 168$이고, 7과 12가 서로소이므로, $7 \times 12 \mid 168$, 즉 $84 \mid 168$입니다.

[주의] $2 \mid 12$, $4 \mid 12$, 그러나 2×4는 12를 나누어떨어뜨릴 수 없습니다. 이것은 2와 4가 서로소가 아니기 때문입니다.

주의할 것은 반대로 만약 $b \times c \mid a$라면 반드시 $b \mid a$, $c \mid a$이지만 b와 c가 서로소일 필요는 없습니다. 이것은 $b \times c \mid a$일 때, b와 c는 a의 약수이기 때문입니다. 이러한 성질은 어떤 한 수가 다른 한 수로 나누어떨어지는지를 판단하는 기초가 됩니다.

예제
4
현아가 연필 4자루와 볼펜 5자루, 공책 6권과 지우개 9개를 샀습니다. 점원이 모두 15400원을 받았습니다. 연필이 한 자루에 330원이고, 볼펜이 한 자루에 1500원이라면, 점원의 계산은 맞습니까, 틀립니까? (단, 공책과 지우개의 가격은 자연수입니다.)

⊙TIP
$4 \times 330 + 5 \times 1500$은 3의 배수입니다. 6, 9도 3의 배수입니다.

풀이 연필의 가격이 1자루에 330원(330은 3으로 나누어떨어집니다.)이고 볼펜은 1자루에 1500원(1500은 3으로 나누어떨어집니다.)이므로 연필 4자루와 볼펜 5자루의 가격의 합은 $(4 \times 330 + 5 \times 1500) = 8820$원입니다. 이 값은 성질 1과 성질 2에 따라 3으로 나누어떨어집니다.
또한 산 공책의 권수(6권)와 지우개의 개수(9개)는 모두 3의 배수이므로 공책과 지우개의 가격이 얼마인지에 관계없이 총합은 3으로 나누어떨어집니다.
즉, 학용품 4종류를 구입한 총 가격은 3으로 나누어떨어집니다. 그러나 점원은 15400원을 받았습니다.
15400원은 3으로 나누어떨어지지 않으므로 점원의 계산은 틀렸습니다. 📱 틀립니다.

예제 5

어떤 학교에 반이 a개 있습니다. 각 반에서 b명을 선발해 방과 후 공부반에 참가시켰고, 학생 1명당 c권의 공책을 주었습니다. a, b, c 가 모두 소수이고, 공책의 총 권수는 7과 11로 나누어떨어지고, 13 으로 나누면 6이 남습니다. 공책의 총 권수가 1000권을 넘지 않는 다면, 학생들에게 준 공책은 모두 몇 권입니까?

TIP

공책의 총 권수는 $a \times b \times c$입니다. 총 권 수가 7과 11로 나누어 떨어지고 7, 11, a, b, c가 모두 소수이므로 a, b, c 가운데 두 수는 반드시 7과 11입니다.

풀이 $a \times b \times c$에서 a, b, c의 위치는 상관없으므로 $a=7$, $b=11$로 놓으면, 공책의 총 권수는 $7 \times 11 \times c$(권) 입니다.

총 권수가 1000권을 넘지 않으므로 소수 c는 2, 3, 5, 7, 11 중 하나입니다.

여기에서 곱 $7 \times 11 \times c$는 각각 154, 231, 385, 539, 847입니다.

이 5개의 수에서 539만 13으로 나누면 6이 남는 조건에 맞습니다.

$539=7 \times 11 \times 7$, $c=7$입니다. 따라서 학교에서 나눠준 공책은 모두 539권입니다.

答 539권

예제 6

5, 18, 29, 21, 37, 47, 39인 7개의 수가 있습니다. 이 수에서 먼저 1개 를 뺀 후 나머지 수들의 합을 구합니다. 또, 남은 6개의 수 중에서 2개 를 뺀 후 나머지 4개의 수들의 합을 구합니다. 이러한 방식으로 남은 수들의 합을 구할 때, 남은 수들의 합은 모두 7로 나누어떨어집니까?

TIP

7개 수의 합은
$5+18+29+21+37+47+39$
$=196=28 \times 7$입니다. 즉 7개 수의 합은 7의 배수입니다.

풀이   이 7개의 수 가운데 21만 7의 배수입니다. 따라서 문제의 조건에서 첫 번째 21만 떼어놓을 수 있습니다.

만약 두 번째, 세 번째 수를 계속 떼어놓으면 마지막에 남은 수 1개는 반드시 7의 배수이어 야 합니다. 이것은 불가능합니다. (이미 첫 번째에 유일한 7의 배수인 21을 떼어놓았기 때 문입니다.)

주의   두 번째에 37과 47을 떼어놓을 수 있으므로 세 번째부터 새로운 가설을 세워 진행합니다.

答 나누어떨어지지 않습니다.

---

3   나누어떨어질 때의 개수 문제

나누어떨어지는 문제에서는 아래와 같은 개수문제가 자주 등장합니다.
여기에는 2가지의 계산공식이 있습니다.

(1) 1부터 n까지(n은 자연수) n개의 자연수 가운데 a로 나누어떨어지는 수는

$$\left[\frac{n}{a} \right] (개)입니다.$$

이 중 $[x]$는 x의 자연수부분을 말합니다.

예 1부터 23까지의 자연수중에 가운데 4로 나누어떨어지는 수는

$$\left[\frac{23}{4} \right] = [5.75] = 5(개)입니다.$$

(2) $n \times (n-1) \times (n-2) \times \cdots \times 3 \times 2 \times 1$(간단히 $n!$로 씁니다. n은 자연수)이 갖고 있는 p의 지수의 개수는 $\left[\dfrac{n}{p}\right] + \left[\dfrac{n}{p^2}\right] + \left[\dfrac{n}{p^3}\right] + \cdots$(개)입니다. p의 지수는 $n!$에 p가 이 수만큼 곱해져 있다는 것을 의미합니다.

例 23!에서 2의 지수는 $\left[\dfrac{23}{2}\right] + \left[\dfrac{23}{2^2}\right] + \left[\dfrac{23}{2^3}\right] + \left[\dfrac{23}{2^4}\right] + \left[\dfrac{23}{2^5}\right]$

$= 11 + 5 + 2 + 1 + 0 = 19$(개)입니다.

또, 23!에서 5의 지수는 $\left[\dfrac{23}{5}\right] + \left[\dfrac{23}{5^2}\right] = 4 + 0 = 4$(개)입니다.

예제 **7** 1에서 60까지의 자연수 중에서 3이나 4로 나누어떨어지는 수는 모두 몇 개입니까?

⚙ TIP

구하려는 개수는 각각 3, 4로 나누어떨어지는 총 개수에서 3과 4로 동시에 나누어떨어지는 수의 개수를 뺍니다.

> 풀이 1부터 60까지의 자연수 가운데 3, 4로 나누어떨어지는 수는 각각
> $\left[\dfrac{60}{3}\right] = 20$(개), $\left[\dfrac{60}{4}\right] = 15$(개) 입니다.
> 동시에 3과 4로 나누어떨어지는 수는 $\left[\dfrac{60}{3 \times 4}\right] = 5$(개) 입니다.
> 따라서 1부터 60까지의 자연수 가운데 3이나 4로 나누어떨어지는 수는 모두
> $20 + 15 - 5 = 30$(개)입니다.
> 🗒 30개

예제 **8** 20^n은 $2015 \times 2014 \times 2013 \times \cdots \times 3 \times 2 \times 1$의 약수입니다. 자연수 n가운데 가장 큰 수는 얼마입니까?

⚙ TIP

$20 = 4 \times 5 = 2^2 \times 5$입니다. 2015!이 갖고 있는 20이 몇 개인지 알아내려면, 먼저 2015!가 갖고 있는 2^2와 5의 각각의 개수를 구한 다음 다시 크기를 비교하여 20의 개수를 알 수 있습니다. (적은 개수가 20의 개수입니다.)

> 풀이 $20 = 2^2 \times 5$이므로 2015!이 갖고 있는 2의 개수는
> $\left[\dfrac{2015}{2}\right] + \left[\dfrac{2015}{2^2}\right] + \left[\dfrac{2015}{2^3}\right] + \cdots + \left[\dfrac{2015}{2^{10}}\right] + \left[\dfrac{2015}{2^{11}}\right]$
> $= 1007 + 503 + 251 + 125 + 62 + 31 + 15 + 7 + 3 + 1 + 0$
> $= 2005$(개)입니다.
> 따라서 2015!이 갖고 있는 2^2의 개수는 $\left[\dfrac{2015}{2}\right] = 1002$(개)입니다.
> 그리고 2015!이 갖고 있는 5의 개수는
> $\left[\dfrac{2015}{5}\right] + \left[\dfrac{2015}{5^2}\right] + \left[\dfrac{2015}{5^3}\right] + \left[\dfrac{2015}{5^4}\right] + \left[\dfrac{2015}{5^5}\right]$
> $= 403 + 80 + 16 + 3 + 0 = 502$(개)입니다.
> $1002 > 502$이므로 2015!이 갖고 있는 20의 개수는 502개입니다.
> 따라서 자연수 n의 가장 큰 값은 502입니다.
> 🗒 502개

01 다음 물음에 답하시오.

(1) 자연수 N의 약수가 모두 10개라면 (1과 N 포함) 이 약수들의 곱은 얼마입니까?
(단, N으로 표시하시오.)

(2) 300과 400사이의 자연수 가운데 약수가 3개인 수의 합은 얼마입니까?

02 다음 물음에 답하시오.

(1) 2와 5로 나누어 떨어지고, 3의 배수인 가장 작은 자연수는 무엇입니까?

(2) 네 자리 수의 각 자리의 숫자 4개가 서로 모두 다르며 17의 배수입니다. 이러한 자연수 중에 가장 작은 수는 얼마입니까?

03 어떤 3개의 수를 더하면 555인데, 이 3개의 수는 각각 3, 5, 7로 나누어떨어지고, 몫이 모두 같습니다. 그렇다면, 3개의 수 가운데 가장 큰 수는 얼마입니까?

04 다음 물음에 답하시오.

(1) 1부터 1000까지의 자연수 가운데 동시에 2, 3, 5로 나누어떨어지는 수는 모두 몇 개입니까?

(2) 1부터 2016까지의 자연수 가운데 2로 나누어떨어지지만 3이나 7로는 나누어떨어지지 않는 수는 모두 몇 개입니까?

(3) $101 \times 102 \times 103 \times \cdots \times 198 \times 199 \times 200$을 계산한 값의 끝부분에는 연속한 0이 모두 몇 개입니까?

01 다음 물음에 답하시오.

(1) $\overbrace{\overline{a6b} \cdots \overline{a6b}}^{\overline{a6b}가\ 1002개}$ 가 77로 나누어떨어진다면 a와 b는 각각 무슨 숫자입니까?

(2) 60보다 큰 두 자리 자연수가 하나 있습니다. 이 수에 3을 더하면 5의 배수이고, 3을 빼면 6의 배수입니다. 이때, 두 자리 자연수는 얼마입니까?

02 다음 물음에 답하시오.

(1) 세 자리 수의 일의 자릿수와 백의 자릿수의 위치를 바꾸어 새로운 세 자리 수를 만들었습니다. 2개의 세 자리 수를 곱한 값이 115245일 때, 이 2개의 세 자리 수를 각각 구하시오.

(2) 자연수 a와 333을 곱한 값은 각 자릿수가 모두 1인 자연수입니다. 이때, a의 최솟값을 구하시오.

03 다음 물음에 답하시오.

(1) 2016을 2개의 자연수의 합으로 나타낼 때, 그 중 한 수는 11의 배수이면서 가능한 작은 수이고, 또 다른 수는 13의 배수이면서 가능한 큰 수입니다. 이때, 두 수는 각각 무엇입니까?

(2) 어떤 수의 20배에서 1을 빼면 153으로 나누어떨어집니다. 이러한 자연수 가운데 가장 작은 수는 _____ 입니다.

04 다음 물음에 답하시오.

(1) 1부터 2016까지의 자연수 가운데 37로 나누어떨어지지만 2나 3으로는 나누어떨어지지 않는 수는 몇 개입니까?

(2) 270^n이 $200 \times 199 \times 198 \times \cdots \times 3 \times 2 \times 1$(200!로 표시합니 다.)의 약수일 때, 가장 큰 자연수 n의 값은 얼마입니까?

05 1, 2, 3, 4, 5, 6, 7 7개의 숫자를 사용하여 3개의 두 자리 수와 1개의 한 자리 수를 만들었습니다. 이 4개의 수의 각 자릿수는 모두 다르고, 모두 더한 값은 100입니다. 이때, 두 자리 수 중 가장 큰 수의 최댓값은 얼마입니까?

06 나누어떨어짐(Ⅱ)

이번 장에서는 먼저 2, 3, 5와 4, 8, 9로 나누어 떨어지는 수의 특징을 설명하고 그 다음 7, 11, 13으로 나누어떨어지는 수의 특징을 설명합니다.

1 수의 나누어떨어지는 특징

자주 이용하는 수의 나누어떨어지는 특징은 다음과 같습니다.

① 일의 자릿수가 0, 2, 4, 6, 8인 자연수는 2로 나누어떨어집니다.
② 일의 자릿수가 0, 5인 자연수는 5로 나누어떨어집니다.
③ 각 자릿수의 합이 3(또는 9)으로 나누어떨어지면 이 수는 3(또는 9)으로 나누어떨어집니다.
④ 마지막 두 자리 수가 4(또는 25)로 나누어떨어지면 이 수는 4(또는 25)로 나누어떨어집니다.
⑤ 자연수의 마지막 세 자리 수가 8(또는 125)로 나누어떨어지면 이 수는 8(또는 125)로 나누어 떨어집니다.

예제 1

맨 앞 자릿수가 5이고 각 자릿수가 서로 다르며 15로 나누어떨어지는 다섯 자리 수 가운데 가장 작은 수는 얼마입니까?

⭐TIP
15＝3×5이고 3과 5는 서로소이 므로 각각 3과 5로 나누어 떨어집 니다.

풀이 15＝3×5이고 3과 5는 서로소이므로 각각 3과 5로 나누어떨어집니다. 문제의 조건에서 다섯 자리 수는 $\overline{5abcd}$ 입니다.
5로 나누어떨어지고 각 자릿수가 서로 다르므로 d 는 0만 올 수 있습니다.
또, 3으로 나누어떨어지므로 $5+a+b+c+0$은 3의 배수이고 $\overline{5abcd}$ 가 최소이고, 각 자릿수가 서로 다르려면 $a=1, b=2, c=4$입니다. 따라서 다섯 자리 수는 51240입니다.

답 51240

예제 2

일곱 자리 수 23☐354☐ 는 72로 나누어떨어집니다. 두 ☐ 안의 수의 곱은 얼마입니까?

⭐TIP
72＝8×9이므로 72로 나누어떨 어지는 수는 8과 9로 나누어떨어 져야 합니다.

풀이 72＝8×9이므로 72로 나누어떨어지는 수는 8과 9로 나누어떨어져야 합니다.
8로 나누어떨어진다면 이 일곱 자리 수의 일의 자릿수는 4입니다. (8 ∣ 544입니다.)
또, 9로 나누어떨어지므로 만의 자릿수는 6입니다.(2＋3＋3＋5＋4＋4＝21, 21＋6＝27, 9∣27)
따라서 두 ☐ 안의 수의 곱은 6×4＝24입니다.

답 24

예제
3
네 자리 수 2 ☐ 2 ☐ 가 동시에 8과 9로 나누어떨어진다면 이 네자리 수는 무엇입니까?

⊕ TIP

마지막 세 자리수가 8로 나누어떨어져야 하고 각 자리수의 합이 9로 나누어떨어져야 합니다.

풀이 이 네 자리수를 $\overline{2a2b}$라고 합니다. 이 수가 9로 나누어떨어지므로 $2+a+2+b=4+a+b$는 9로 나누어집니다. a와 b가 한자리 수이므로 $a+b=5$ 또는 14입니다.

또 $\overline{2a2b}$가 8로 나누어떨어지므로 4로도 나누어떨어집니다. 따라서 $\overline{2b}$가 4로 나누어떨어지려면 일의 자릿수 b는 0, 4, 8 중 하나입니다. 각각 살펴보면, $b=0$일 때, $a=5$입니다.(14가 될 수 없습니다.) 따라서 $\overline{2a2b}=2520$입니다.

$b=4$일 때, $a=1$입니다.(14-4=10이므로 a는 한 자리 수가 될수 없습니다.) 그러므로 $\overline{2a2b}=2124$입니다.

$b=8$일 때, $a=6$입니다. 그러므로 $\overline{2a2b}=2628$입니다.

위에서 구한 2520, 2124, 2628 중에서 8로 나누어떨어지는 수는 2520 밖에 없습니다. 따라서 네 자리 수는 2520입니다. **답** 2520

예제
4
1234123412341234…라는 수에서 맨 앞에서부터 연속한 수를 골라 새로운 자연수를 만듭니다. 예를 들어 1234, 1234123 등이 있습니다. 그렇다면 36으로 나누어떨어지는 자연수를 만들려면 최소한 몇 자리의 수를 골라야 합니까?

⊕ TIP

36=4×9이므로, 자연수가 36으로 나누어떨어지려면 동시에 4와 9로 나누어떨어져야 합니다.

풀이 36=4×9이므로 자연수가 36으로 나누어떨어지려면 동시에 4와 9로 나누어떨어져야 합니다. 4로 나누어떨어지려면 이 수의 끝 두 자리 수가 4로 나누어떨어져야합니다. 따라서 이 자연수는 반드시 …12의 형식입니다. 즉, 이러한 수 가운데 4로 나누어떨어지는 수를 $M=\underbrace{12341234\cdots123412}_{k개의\ 123}$라고 하고, 여기에서 k는 자연수입니다.

1+2+3+4=10이므로 M의 각자릿수의 합은 $10k+3$입니다.

M이 9로 나누어떨어지려면 $10k+3$이 9로 나누어떨어지게 되는 k의 값을 구해야 합니다. 따라서 $k=6$일 때, $M=\underbrace{12341234\cdots123412}_{6개의\ 1234}$의 각 자릿수의 합이 $10\times6+3=63$으로 9로 나누어떨어집니다. 즉, 최소한 4×6+2=26자리의 수를 골라야 합니다. **답** 26자리의 수

2 7, 11, 13으로 나누어떨어지는 수의 특징

우리는 7, 11, 13으로 나누어떨어지는 수의 특징을 소개할 것입니다.

① 홀수 자릿수의 합과 짝수 자릿수의 합의 차가 11로 나누어떨어지거나 0이면 이 수는 11로 나누어떨어집니다.

② 마지막 세 자리 수와 마지막 세 자리 수 앞의 숫자로 이루어진 수의 차가 7(또는 11, 또는 13)로 나누어떨어지면 이 수는 7(또는 11, 또는 13)로 나누어떨어집니다.

  예 87115, 425370, 82134

  $115-87=28$, $425-370=55$, $134-82=52$, 그리고 $7 \mid 28$, $11 \mid 55$, $13 \mid 52$이므로

  $7 \mid 87115$, $11 \mid 425370$, $13 \mid 82134$입니다.

  ②의 특수한 예가 있습니다. 어떤 한 세 자리 수를 두 번 이어 쓴다면 여섯 자리 수가 생깁니다.

  이 여섯 자리 수는 반드시 동시에 7, 11, 13으로 나누어떨어집니다.

이 결론은 이렇게 증명할 수도 있습니다.

$7 \times 11 \times 13 = 1001$이므로 임의의 세 자리 수 $\overline{abc}$에 1001을 곱하면 그 값과 이 세 자리 수를 두 번 연달아 쓴 수와 같습니다.

$$\overline{abc} \times 1001 = \overline{abc} \times (1000+1) = \overline{abc} \times 1000 + \overline{abc} = \overline{abcabc}$$

따라서 $\overline{abcabc}$는 7, 11, 13으로 항상 나누어 떨어집니다.

예제
5 여섯 자리 수 2003☐☐ 가 77로 나누어떨어질 때, 여기에서 마지막의 두 자리 수는 무엇입니까?

🔆 **TIP**

이 여섯 자리 수를 $\overline{2003ab}$라고 합니다. $77=7 \times 11$이므로 77로 나누어떨어지는 조건에 따라 이 여섯 자리 수는 11로도 나누어 떨어지고 7로도 나누어떨어집니다.

풀이 이 여섯 자리 수를 $\overline{2003ab}$라고 합니다.

$77=7 \times 11$이므로 77로 나누어떨어진다는 조건에 따라 이 여섯 자리 수는 11로도 나누어떨어지고 7로도 나누어떨어집니다.

11로 나누어떨어지는 수의 특징에서

$(a+0+2)-(b+3+0)=a-b-1$는 11로 나누어떨어져야 합니다. a와 b가 한 자리 수이므로 $a-b-1=0$입니다. 즉 $a=b+1$입니다.

또, 7로 나누어떨어지는 수의 특징에서

$\overline{3ab}-200=\overline{1ab}$는 7의 배수입니다.

$a=b+1$이므로 110, 121, 132, 143, 154, 165, 176, 187, 198 중 어떤 수가 7의 배수인지 살펴보아야 합니다. 이 중 154만 7의 배수입니다.

따라서 여섯 자리 수 2003☐☐의 마지막 두 자리 수는 54입니다. 📋 54

예제 6

1, 2, 5, 6, 7, 9 여섯 개의 숫자로 이루어진 여섯 자리 수 가운데 11로 나누어떨어지는 수 중 가장 큰 수는 얼마입니까?

⚙ **TIP**

11로 나누어떨어지는 수의 특징에 따라 이 여섯 자리 수의 홀수 자릿수의 합과 짝수 자릿수의 합의 차는 11의 배수(0을 포함합니다.)입니다. 이 차이는 이 여섯 자리 수의 각 자릿수의 합 (1+2+5+6+7+9=30)을 초과할 수가 없습니다. 따라서 11, 22 또는 0만 가능합니다.

풀이

① 각 자릿수의 합이 30이므로 홀수 자릿수의 합과 짝수 자릿수의 합은 모두 짝수이거나 모두 홀수입니다. 따라서 그 차이는 11이 될 수 없습니다.

② 만약 이 차가 22라면, 홀수 자릿수의 합과 짝수자릿수의 합은 26과 4입니다. 그러나 문제에서 주어진 숫자 가운데 가장 작은 세 수의 합도 1+2+5=8이므로 4가 될 수 없습니다. 따라서 차는 22가 될 수 없습니다.

③ 마지막으로 차는 0일 수 밖에 없습니다. 따라서 홀수 자릿수의 합과 짝수 자릿수의 합은 모두 15입니다. 주어진 6개의 수 가운데 9+5+1=15, 7+6+2=15뿐입니다. 그러므로 홀수 자릿수들과 짝수 자릿수들 중 하나는 9, 5, 1이고 다른 하나는 7, 6, 2입니다.

따라서 가장 큰 여섯 자리 수는 975612입니다.

📋 **975612**

예제 7

다섯 자리 수 $a = 32\boxed{}\boxed{}2$가 156으로 나누어떨어진다면 a는 얼마입니까?

⚙ **TIP**

$a = \overline{32xy2}$이고, $156 = 3 \times 4 \times 13$으로 나누어지므로 $a = 3, 4, 13$으로 나누어떨어집니다.

풀이1

(1) a가 3으로 나누어떨어지므로 $3+2+x+y+2$는 3으로 나누어떨어지고, $x+y+1$도 3으로 나누어떨어집니다.

(2) a는 4로 나누어떨어지므로 $\overline{y2}$는 4로 나누어떨어집니다. 따라서 y는 1, 3, 5, 7, 9 중 한 숫자입니다.

(1)과 (2)를 분석해보면, $y=1$ 또는 7일 때, $x=1, 4, 7$입니다.
$y=3$ 또는 9일 때, $x=2, 5, 8$입니다. $y=5$일 때, $x=0, 3, 6, 9$입니다.

(3) a는 13으로 나누어떨어지므로 $\overline{xy2}-32$는 13으로 나누어떨어집니다.
따라서 $\overline{xy}-3$은 13으로 나누어떨어지므로 $\overline{xy}$는 아래의 경우만 가능합니다.
$13 \times 0 + 3 = 3$, $13 \times 1 + 3 = 16$, $13 \times 2 + 3 = 29$, $13 \times 3 + 3 = 42$, $13 \times 4 + 3 = 55$,
$13 \times 5 + 3 = 68$, $13 \times 6 + 3 = 81$, $13 \times 7 + 3 = 94$
다시 (1)과 (2)의 결론과 맞춰 살펴보면,
$x=2, y=9$일때, (1), (2), (3)의 조건에 맞습니다.
따라서 $a=32292$입니다.

풀이2

a를 156으로 나눈 몫을 x라고 합니다.
$a < 33000$이고, $33000 \div 156 = 211.5$이므로 $x \leq 211$입니다.
$a > 32000$이고, $32000 \div 156 = 205.1$이므로 $x \geq 206$입니다.
a의 일의 자릿수가 2이고, 나누는 수 156의 일의 자릿수가 6이므로 x의 일의 자릿수는 2나 7만 올 수 있습니다. 206~211 중에서 207만 조건에 맞습니다. 따라서 $x=207$입니다.
즉, $a=156 \times 207 = 32292$입니다.

📋 **32292**

01 다음 물음에 답하시오.

(1) 45로 나누어떨어지는 가장 작은 네 자리 수는 무엇입니까?

(2) 358의 뒤에 세 자리 수를 붙여 여섯 자리 수를 만듭니다. 이 여섯 자리 수가 각각 3, 4, 5 로 나누어떨어진다면 이러한 여섯 자리 수 가운데 가장 작은 수는 무엇입니까?

02 다음 물음에 답하시오.

(1) 다섯 자리 수 3☐6☐5가 75의 배수라면 이러한 다섯 자리 수 가운데 가장 큰 수는 무엇입니까?

(2) A는 각 자릿수가 0 또는 8로 이루어진 15의 배수라면, A의 최솟값은 얼마입니까?

03 다음 물음에 답하시오.

(1) 1997의 뒤에 세 자리 수를 붙여 일곱 자리 수 1997☐☐☐ 을 만들었습니다. 만약 이 일곱 자리 수가 4, 5, 6으로 나누어떨어진다면 덧붙인 숫자 3개의 합의 최솟값은 얼마 입니까?

(2) 천의 자릿수가 1이고 2, 3, 5로 나누어떨어지는 가장 작은 네 자리 수는 무엇입니까?

04 다음 물음에 답하시오.

(1) 각 자릿수를 더한 값이 17로 나누어떨어지는 네 자리 수가 있습니다. 이 네 자리 수에 1을 더하면 이 수의 각 자릿수를 더한 값도 17로 나누어떨어집니다. 이 네 자리 수 중 가장 작은 수는 무엇입니까?

(2) 여섯 자리 수 ☐678☐☐ 은 8, 9와 25로 나누어떨어집니다. 이때, 여섯 자리 수는 무엇입니까?

05 여섯 자리 수 1082☐☐ 는 12로 나누어떨어집니다. 마지막 두 자리 수 ☐☐ 에 들어 갈 수 있는 수는 모두 몇 가지입니까?

01 다음 물음에 답하시오.

(1) 숫자 6, 7, 8을 각각 2개씩 사용하여 여섯 자리 수를 만듭니다. 이 수 가운데 168로 나누어 떨어지는 수는 무엇입니까?

(2) 0, 2, 3, 5, 6 5개의 숫자 가운데 4개를 골라서 11로 나누어 떨어지는 네 자리 수를 만들었습니다. 이러한 네 자리 수 가운데 가장 작은 수는 무엇입니까?

02 다음 물음에 답하시오.

(1) 1~7까지의 숫자를 한 번씩만 사용하여 11로 나누어떨어지는 일곱 자리 수를 만들었습니다. 이런 일곱 자리 수 가운데 가장 큰 수와 가장 작은 수의 합은 얼마입니까?

(2) 51자리 수 33…3☐22…2(여기에서 3과 2는 각각 25개입니다.)가 7로 나누어 떨어진다면 ☐ 안의 숫자는 무엇입니까?(단, 답은 2개 있습니다.)

03 자연수 $\underbrace{33\cdots3}_{3\text{이 }2018\text{개}}$은 13으로 나누어떨어집니까? 만약 나누어떨어지지 않는다면 나머지는 얼마입니까?

04 자릿수가 서로 다른 여섯 자리의 수가 11로 나누어떨어집니다. 이 여섯 자리 수의 자릿 수들을 새로 배열해서 11로 나누어떨어지는 여섯 자리 수를 만든다면 모두 몇 개가 만들어집니까? (단, 각 숫자는 0이 아닙니다.)

05 열자리의 수가 있습니다. 각 자릿수가 서로 다르다면 행운의 수라고 부릅니다. 예를 들어 3785942160은 행운의 수입니다. 어떤 행운의 수가 1, 2, 3, …, 18로 나누어떨어지고, 앞의 네 자리 수가 4876이라면 이 행운의 수는 무엇입니까?

07 소수와 합성수

1 소수와 합성수

어떤 자연수가 1과 자기자신의 수, 이렇게 2개의 약수만을 가지고 있다면 소수라고 합니다.
어떤 자연수가 1과 자기자신의 수, 그리고 다른 자연수로 나누어떨어지면 합성수라고 합니다.

> 예) 59의 약수는 1과 자신의 수뿐이므로 59는 소수이고, 69의 약수는 1과 자신의 수, 3과 23으로
> 나누어 떨어지므로 합성수입니다.

1은 소수도 아니고 합성수도 아닙니다. 1을 제외한 모든 자연수는 소수 또는 합성수입니다.
2는 가장 작은 소수이고, 소수 중 유일한 짝수입니다. 즉, 다른 소수는 모두 홀수입니다. 그러나
모든 홀수가 소수는 아닙니다.

> 예) 9, 15, 21은 합성수입니다.

자연수가 소수인지 합성수인지 판단하려면 먼저 그 수가 홀수인지 짝수인지 보아야 합니다.
만약 2보다 큰 짝수라면 분명히 합성수이고, 홀수라면 소수일 수도 있고, 합성수일 수도 있습니다.
비교적 작은 100 이하의 자연수는 그 약수의 개수를 관찰하여 판단할 수 있습니다.
수가 비교적 크다면 쉽게 판단할 수 없고, 나눗셈을 사용하여 판단할 수 있습니다.

(이 장의 끝에 나오는 새싹노트를 참고하세요.)

예제 1 일의 자릿수가 서로 다른 합성수 10개의 합의 최솟값을 구하시오.

> ✿TIP
> 어떤 수들의 일의 자릿수가 다르다면 그 수들의 일의 자릿수는 각각 0, 1, 2, 3, …, 8, 9이어야 합니다.

> **풀이** 10개의 수의 일의 자릿수가 모두 다르다면 그 수들의 일의 자릿수는 각각 0, 1, 2, 3, …, 8, 9이어야 합니다. 일의 자릿수가 가장 작은 합성수는 각각 10, 21, 12, 33, 4, 15, 6, 27, 8, 9입니다. 따라서 합성수 10개의 합의 최솟값은
> $10+21+12+33+4+15+6+27+8+9=145$입니다. 🖹 145

예제 2 세 자리 수 $\overline{ABC}$가 있습니다. 각 자릿수가 서로 다르고 A, B, C, $\overline{AB}$, $\overline{BC}$가 모두 소수인 세 자리 수는 무엇입니까?
(단, 답은 2개 있습니다.)

> ✿TIP
> A, B, C가 모두 한 자리 소수이기 때문에 A, B, C는 2, 3, 5, 7만 가능합니다.

> **풀이** A, B, C가 모두 한 자리 소수이므로 A, B, C는 2, 3, 5, 7만 가능합니다.
> $\overline{AB}$, $\overline{BC}$가 두 자리 소수이므로 일의 자릿수 B, C는 2와 5가 될 수 없고, 3과 7만 가능합니다. 그러므로 $\overline{BC}$는 37이나 73만 가능합니다. 또 A는 2나 5만 가능합니다. 따라서 $\overline{ABC}$는 237, 537, 273, 573만 가능한데, $\overline{AB}$가 소수이므로 위의 4가지 $\overline{ABC}$ 가운데 237과 537만 적합합니다. 따라서 조건에 맞는 세 자리 수는 237과 537입니다. 🖹 237, 537

예제
3
몇 명의 학생들이 도서관에 있는 책들을 옮기려고 합니다. 1인당 k권을 옮긴다면 20권이 남고, 1인당 9권을 옮기면 마지막 학생이 6권만 옮기면 됩니다. 학생은 모두 몇 명입니까?

⚙ TIP
학생이 n명이라고 하고 책의 권수에 따라 방정식을 세웁니다.

> **풀이**
> 학생이 n명이라고 하고 책의 권수에 따라 방정식을 세웁니다.
> $kn+20=9(n-1)+6$ 즉, $kn+20=9n-9+6$
> $(9-k) \times n=23$입니다.
> 23은 소수이므로 좌변의 두 수 n과 $(9-k)$ 중 하나는 23이고, 다른 하나는 1이어야 합니다.
> 또 $9-k \leq 9$이므로 $n=23$입니다.
> 따라서 학생은 모두 23명입니다.
> 답 23명

2 짝수인 소수 2의 특징

소수 분석 과정에서 유일한 짝수이고 소수인 2는 중요한 특징을 갖고 있습니다.
아래에서 몇 가지 예제를 들어보겠습니다.

예제
4
a, b, c는 100 이하의 서로 다른 소수이고, $a+b=c$가 성립하는 서로 다른 계산식은 모두 몇 개입니까?

⚙ TIP
소수는 2를 제외하면 모두 홀수이므로 $a+b=c$가 서로 다른 소수이려면, $a+b$는 반드시 홀수이어야 합니다.

> **풀이**
> 소수는 2를 제외하면 모두 홀수이므로 $a+b=c$가 성립하려면 $a+b$는 반드시 홀수이어야 합니다. (만약 $a+b$가 짝수라면 $c=2$이고, $a=b=1$이므로 소수가아닙니다. 따라서 $a+b$는 반드시 홀수입니다.) 이때 a, b는 반드시 홀수 1개와 짝수 1개입니다.
> 그러므로 a, b 중 하나는 반드시 짝수 2입니다. $a=2$라고 하면 됩니다.
> 계산하면 100 이하의 수 가운데 아래와 같은 식만 성립합니다.
> $2+3=5$, $2+5=7$, $2+11=13$, $2+17=19$,
> $2+29=31$, $2+41=43$, $2+59=61$, $2+71=73$.
> 따라서 $a+b=c$가 성립하는 100 이하의 소수의 계산식은 모두 8개입니다.
> 답 8개

예제
5
한 소수의 3배와 다른 한 소수의 2배의 합이 2000일 때, 이 두 소수의 합은 얼마입니까?

⚙ TIP
이 두 소수가 각각 a, b라면 $3 \times a+2 \times b=2000$입니다.

> **풀이**
> 이 두 소수가 각각 a, b라면 $3 \times a+2 \times b=2000$입니다. 이 식의 우변의 2000은 짝수이고, 좌변의 $2 \times b$ 역시 짝수이므로 $3 \times a$는 반드시 짝수입니다.
> 그러나 a는 소수이므로 $a=2$이어야만 성립합니다.
> $a=2$이므로 $b=(2000-3 \times 2) \div 2=997$입니다.
> 따라서 이 2개의 소수의 합은 $2+997=999$입니다.
> 답 999

3 소인수분해

어떤 자연수의 약수 중에서 소수인 약수를 이 수의 소인수라고 합니다.

> 예 2, 3, 7은 모두 42의 소인수입니다.
> 비록 6, 14, 21 역시 42의 약수이지만 42의 소인수는 아닙니다.

어떤 자연수를 소수만 사용하여 곱한 형식으로 표시할 수 있는데, 이것을 소인수분해라고 합니다.

> 예 $360 = 2 \times 2 \times 2 \times 3 \times 3 \times 5 = 2^3 \times 3^2 \times 5$
> $72072 = 2 \times 2 \times 2 \times 3 \times 3 \times 7 \times 11 \times 13 = 2^3 \times 3^2 \times 7 \times 11 \times 13$

> [주의] 한 소수를 쪼갠 형식은 1과 자기자신의 곱입니다. 1은 소수가 아니므로, 소인수분해에는 1을 쓰지 않습니다.

자연수를 소수의 곱으로 쪼개는 형식은 수의 관계를 관찰하는데 편리하고 문제해결에 유리합니다. 다음 예제를 들어 봅시다.

예제
6

공장에 모래 403상자가 있습니다. 트럭 몇 대를 이용해야 한 번에 모두 옮길 수 있습니까? 또 트럭 1대에 몇 상자씩 실어야 합니까?

✿TIP

403을 1보다 큰 두 소인수의 곱 형식으로 쪼개야 합니다.

> 풀이 403을 소인수분해하면 403 = 13 × 31입니다.
> 한 번에 다 옮기려면 13대의 트럭에 31상자씩 싣거나 31대의 트럭에 13상자씩 실어야 합니다.
> 🗒 13대의 트럭에 31상자씩 싣거나 31대의 트럭에 13상자

예제
7

갑은 을보다 5가 크고, 을은 병보다 5가 큽니다. 갑, 을, 병, 3개의 수의 곱이 6384라면 갑, 을, 병은 각각 얼마입니까?

✿TIP

6384를 소인수의 곱으로 나타내면 $2^4 \times 3 \times 7 \times 19$입니다.

> 풀이 $6384 = 2^4 \times 3 \times 7 \times 19$
> $= (2 \times 7) \times 19 \times (2^3 \times 3)$
> $= 14 \times 19 \times 24$이고,
> $24 - 19 = 5$, $19 - 14 = 5$입니다.
> 따라서 갑은 24, 을 19, 병은 14입니다.
> 🗒 갑 : 24, 을 : 19, 병 : 14

예제 **8** 1부터 120까지의 자연수 중에서 서로 다른 소수 3개의 곱으로 이루어진 자연수는 모두 몇 개입니까? 또, 그 중 가장 큰 수는 무엇입니까?

⚙TIP
2, 3, 5, 7, 11, 13, 17, 19의 소수를 이용하여 계산해봅니다.

풀이 1부터 120까지의 자연수 중 소수 3개의 곱으로 이루어진 수는 다음과 같습니다.

$2 \times 3 \times 5 (=30)$, $2 \times 3 \times 7 (=42)$, $2 \times 3 \times 11 (=66)$,

$2 \times 3 \times 13 (=78)$, $2 \times 3 \times 17 (=102)$, $2 \times 3 \times 19 (=114)$,

$2 \times 5 \times 7 (=70)$, $2 \times 5 \times 11 (=110)$, $3 \times 5 \times 7 (=105)$

따라서 모두 9개가 있고, 가장 큰 수는 114입니다.

답 9개, 가장 큰 수는 114

4 약수의 개수와 합

합성수의 소인수 분해식을 이용해 합성수의 약수의 개수와 모든 약수의 합을 쉽게 구할 수 있습니다. 먼저 간단한 예를 들어 봅니다.

24의 약수는 1, 2, 3, 4, 6, 8, 12, 24로 모두 8개입니다.

이 약수들의 합은 $1+2+3+4+6+8+12+24=60$입니다.

이 8과 60은 24의 소인수분해식으로도 구할 수 있습니다.

(1) $24=2^3 \times 3$이므로 24의 약수는 23의 약수인 1, 2, 2 , 2^3과 3의 약수인 1, 3에서 2개씩 곱합니다.

$$1 \times 1, \quad 2 \times 1, \quad 2 \times 3, \quad 2^2 \times 1, \quad 2^2 \times 3, \quad 2^3 \times 1, \quad 2^3 \times 3$$

따라서 모두 $4 \times 2=8$개입니다. 4×2를 $(3+1) \times (1+1)$로 고쳐 쓰면 24의 약수의 개수는 그 소인수분해식에서 소인수 2의 개수에 1을 더한 수와 소인수 3의 개수에 1을 더한 수의 곱이라는 것을 알 수 있습니다. 즉 $(3+1) \times (1+1)$입니다.

이 방법은 일반적인 상황에서도 적용할 수 있습니다.

예 $144=2^4 \times 3^2$, $720=2^4 \times 3^2 \times 5$

144의 약수의 개수는 $(4+1) \times (2+1)=15$개입니다.

720의 약수의 개수는 $(4+1) \times (2+1) \times (1+1)=30$개입니다.

(2) $24=2^3 \times 3$이므로 (1)에 따라 24의 약수는 2^3의 약수와 3의 약수 사이의 곱이라는 것을 알게 되었고 그 합은 $1 \times 1+1 \times 3+2 \times 1+2 \times 3+2^2 \times 1+2^2 \times 3+2^3 \times 1+2^3 \times 3$입니다.

곱셈의 분배 법칙에 따라 위의 식을 바꾸면

$1 \times (1+3)+2 \times (1+3)+2^2 \times (1+3)+2^3 \times (1+3)$입니다.

$(1+3)$을 1개의 정수로 본다면 다시 곱셈의 분배 법칙에 따라 $(1+2+2^2+2^3) \times (1+3)$으로 바꿔 씁니다.

이것은 $24=2^3 \times 3$의 모든 약수의 합은 소인수분해식에서 약수 2^3의 각 약수의 합과 약수 3의 각 약수의 합의 곱과 같다는 것을 나타냅니다.

약수의 합을 구하는 이러한 방법은 일반적인 상황에서도 적용됩니다.

(예) $360=2^3 \times 3^2 \times 5$이므로

360의 약수의 합은 $(1+2+2^2+2^3) \times (1+3+3^2) \times (1+5)=1170$입니다.

$1260=2^2 \times 3^2 \times 5 \times 7$이므로

1260의 약수의 합은 $(1+2+2^2) \times (1+3+3^2) \times (1+5) \times (1+7)=4368$입니다.

[주의] 일반적인 결론은 뒷부분의 심화학습을 참고합니다.

예제 9

어떤 자연수가 3과 4의 배수이고, 1과 자기자신을 포함하여 모두 10개의 약수를 가지고 있다면, 이 자연수는 무엇입니까? 또, 약수의 합은 얼마입니까?

☀ TIP
$10=2 \times 5=(1+1) \times (4+1)$이므로 약수 개수의 계산법에 따라 이 자연수의 소인수분해식은 반드시 $a \times b^4$(a, b는 소수)의 형식이어야 합니다.

풀이
$10=2 \times 5=(1+1) \times (4+1)$이므로 약수 개수의 계산법에 따라 이 자연수의 소인수분해는 반드시 $a \times b^4$(a, b는 소수)의 형식이어야 합니다.
또 이 자연수는 소수 3과 $4=2^2$의 배수이므로 이 자연수 소인수분해는 반드시 3×2^4의 형식입니다. 따라서 구하는 자연수는 $3 \times 2^4=48$입니다.
또, 48의 모든 약수의 합은 $(1+3) \times (1+2+2^2+2^3+2^4)=124$입니다. 🔖 48, 124

예제 10

1000보다 큰 자연수 중에서 약수 12개를 갖고 있는 가장 작은 수는 무엇입니까? 또, 이 수의 약수의 합은 얼마입니까?

☀ TIP
$12=1 \times 12=2 \times 6=3 \times 4=2 \times 2 \times 3$이므로 자연수의 약수 개수의 계산공식에 따라 약수 12개를 지닌 합성수는 아래 형식 중 하나입니다.
a^{11}, $a \times b^5$, $a^2 \times b^3$, $a \times b \times c^2$(단, a, b, c는 모두 소수입니다.)

풀이
$12=1 \times 12=2 \times 6=3 \times 4=2 \times 2 \times 3$이므로 자연수의 약수 개수의 계산공식에 따라 약수 12개를 갖는 합성수는 아래 형식 중 하나입니다.
a^{11}, $a \times b^5$, $a^2 \times b^3$, $a \times b \times c^2$(a, b, c는 모두 소수입니다.)
a^{11}에서 1000보다 큰 가장 작은 수는 $2^{11}=2048$이고,
$a \times b^5$에서 1000보다 큰 가장 작은 수는 $2^5 \times 37=1184$이고,
$a^2 \times b^3$에서 1000보다 큰 가장 작은 수는 $3^2 \times 5^3=1125$이고,
$a \times b \times c^2$에서 1000보다 큰 가장 작은 수는 $2^2 \times 11 \times 23=1012$입니다.
따라서 조건을 만족하는 가장 작은 수는 1012입니다.
또, 1012의 모든 약수의 합은 $(1+2+2^2) \times (1+11) \times (1+23)=2016$입니다.

🔖 1012, 2016

01 다음 물음에 답하시오.

(1) 100 이하의 수 가운데 가장 큰 소수와 가장 작은 합성수의 곱은 얼마입니까?

(2) 열 자리 자연수에서 가장 높은 자릿수는 소수도 아니고 합성수도 아닌 자연수입니다. 또, 뒤에서 8번째 자릿수는 가장 큰 한 자리수이고, 뒤에서 5번째 자릿수는 가장 작은 합성수이고, 뒤에서 2번째 자릿수는 가장 작은 소수입니다. 그 밖의 자릿수는 모두 0일 때, 이 수는 무엇입니까?

(3) 0, 1, 2, 4 중에서 숫자 3개를 골라 세 자리 소수를 모두 만드시오.

(4) 100부터 177까지의 소수를 모두 써 보시오. 모두 몇 개입니까?

02 직육면체의 한 밑면과 앞면의 넓이의 합은 77cm²입니다. 직육면체의 가로, 세로, 높이가 모두 소수일 때, 이 직육면체의 부피는 얼마입니까?

03 다음 물음에 답하시오.

(1) 3개의 서로 다른 소수의 합이 40일 때, 3개의 소수를 모두 구하시오.

(2) 두 소수의 합이 2019일 때, 두 소수의 곱은 얼마입니까?

(3) $a \times b + 6 = x$이고, a, b가 100보다 작은 소수이고, x는 짝수일 때, x의 최댓값은 얼마입니까?

04 다음 물음에 답하시오.

(1) 어떤 자연수의 소인수는 1보다 크고 이 수를 나누어떨어지게 하는 소수입니다. 그렇다면 2015의 모든 소인수의 합은 얼마입니까?

(2) 1125의 약수는 몇 개입니까? 모든 약수의 합은 얼마입니까?

(3) $2002 = 2 \times 7 \times 11 \times 13$으로 4개의 서로 다른 소수의 곱입니다. 1901부터 2000까지의 수 중에서 4개의 서로 다른 소수의 곱으로 나타낼 수 있는 수는 모두 몇 개입니까? 모두 찾아 쓰시오.

05 어떤 자연수가 5와 49로 나누어떨어지고, 10개의 서로 다른 약수를 갖는다면 이 자연수는 무엇입니까?

01 다음 물음에 답하시오.

(1) A, B, C는 소수입니다. A+B=16, B+C=24이고, A<B<C일 때, A, B, C를 각각 구하시오.

(2) 4개의 두 자리 소수 a, b, c, d가 서로 다르고, $a+b=c+d$를 만족한다면 $a+b$의 최댓값과 최솟값은 각각 얼마입니까?

(3) 1보다 큰 두 수의 합은 5의 배수이고, 이 두 수의 곱은 2924입니다. 이 두 수의 차는 얼마입니까? (단, 두 수는 서로소이다.)

(4) 14, 30, 33, 75, 143, 169, 4445, 4953 이 8개의 수를 2개 조로 나누어 각 조의 4개 수의 곱을 같게 하려면 14가 들어 있는 조의 나머지 3개의 수는 각각 무엇입니까?

02 다음 물음에 답하시오.

(1) 어린이 4명이 모두 1살씩 차이나고, 그들의 나이의 곱은 7920입니다. 어린이 4명의 나이는 각각 몇 살입니까?

(2) 사과 362개와 배 234개를 어린이들에게 똑같이 나누어 주었더니 마지막에는 사과 5개와 배 3개가 남았습니다. 1인당 나눠준 사과와 배의 총 개수가 30개를 넘지 않는다면, 어린이는 모두 몇 명입니까?

03 다음 물음에 답하시오.

(1) 자연수 m의 약수가 2개뿐이라면 $7 \times m$의 약수는 몇 개입니까?

(2) 100 이하의 자연수에서 약수의 개수가 가장 많은 자연수는 모두 5개입니다. 이 수들은 각각 얼마입니까?

04 선생님 한 명이 학생들과 함께 나무를 심으러 가서, 학생들을 인원수에 맞춰 3모둠으로 나누었습니다. 그들은 모두 312그루의 나무를 심었고, 선생님과 학생들이 1인당 심은 나무의 그루 수는 같고 10그루를 넘지 않습니다. 이때, 학생은 모두 몇 명입니까? 1인당 몇 그루씩 심었습니까?

05 어떤 자연수는 서로 다른 4개의 소인수가 있고, 약수는 32개입니다. 이 중 어떤 소인수가 두 자리의 소수 중 가장 큰 수라면, 이 자연수의 최솟값은 얼마입니까?

소수를 판단하는 나눗셈

나눗셈을 사용하여 자연수 a가 소수인지 아닌지 판단할 수 있습니다.

각 소수(비교적 작은 소수 2, 3, 5, 7, …)를 사용하여 작은 수부터 차례대로 a를 나누면 됩니다.

만약 어떤 소수로 나누어떨어진다면 a는 소수가 아니고 합성수입니다.

만약 나누어떨어지지 않는다면 몫이 나누는 수보다 작을 때 계속 나눌 필요 없이 a가 소수라고 판단합니다. 예를 들어 봅시다.

① 3423이 소수인지 합성수인지 알아봅니다. 먼저 2, 3, 5로 3423을 나누어 봅니다.

모두 나누어지지 않으면 다시 7로 나누어 봅니다.

3423은 7로 나누어떨어집니다. (3423÷7＝489) 따라서 3423은 합성수입니다.

② 293이 소수인지 합성수인지 알아봅니다. 먼저 비교적 작은 소수로 나누어 봅니다.

$$293 \div 2 = 146 \cdots\cdots 1$$
$$293 \div 3 = 97 \cdots\cdots 2$$
$$293 \div 5 = 58 \cdots\cdots 3$$
$$293 \div 7 = 41 \cdots\cdots 6$$
$$293 \div 11 = 26 \cdots\cdots 7$$
$$293 \div 13 = 22 \cdots\cdots 7$$
$$293 \div 17 = 17 \cdots\cdots 4$$
$$293 \div 19 = 15 \cdots\cdots 8$$

여기에서 293÷19의 몫 15는 나누는 수 19보다 작으므로 다시 나눌 필요가 없습니다.

따라서 293은 소수입니다.

약수의 개수, 약수의 합 계산공식

만약 합성수 a의 소인수분해식이 $a = p_1^{r_1} \cdot p_2^{r_2} \cdot \cdots \cdot p_n^{r_n}$이고, 그 중 $p_1, p_2, \cdots, p_n$은 서로 다른 소수이고, $r_1, r_2, \cdots, r_n$은 자연수입니다.

즉, 합성수 a의 약수는

$(r_1 + 1) \times (r_2 + 1) \times \cdots \times (r_n + 1)$(개)입니다.

합성수 a의 모든 약수의 합은

$(1 + p_1 + p_1^2 + \cdots + p_1^{r_1}) \times (1 + p_2 + p_2^2 + \cdots + p_2^{r_2}) \times \cdots \times (1 + p^n + p_n^2 + \cdots + p_n^{r_n})$입니다.

예   합성수 $a = 2^3 \cdot 3^4 \cdot 5^6 \cdot 7^2$의 약수의 개수는

$(3+1) \times (4+1) \times (6+1) \times (2+1) = 420$(개)입니다.

또, 모든 약수의 합은

$(1+2+2^2+2^3) \times (1+3+3^2+3^3+3^4) \times (1+5+5^2+5^3+5^4+5^5+5^6) \times (1+7+7^2)$

$= 15 \times 121 \times 19531 \times 57 = 2020579605$입니다.

완전수

만일 a가 b로 나머지 없이 나누어지면 b를 a의 한 약수(인수)라고 합니다.

⟮예⟯ 1, 2, 3, 4, 6은 모두 12의 약수입니다.

어떤 수가 그 자체 이외의 모든 약수의 합과 같다면 이 수를 완전수라고 합니다.

⟮예⟯ 6은 가장 작은 완전수인데, 왜냐하면 6이외의 6의 약수는 1, 2, 3이고 1+2+3=6이기 때문입니다.

응용문제   20~30의 수들에서 두 번째 완전수를 찾아 보시오.

[해설] 20과 30 사이의 완전수는 28입니다.

왜냐하면 28을 제외한 28의 약수는 14, 7, 4, 2, 1이고 1+2+4+7+14=28이기 때문입니다.

08 최대공약수와 최소공배수

1 최대공약수, 최소공배수의 정의와 구하는 방법

몇 개의 수들이 공통적으로 가지는 약수를 이 수들의 공약수라고 하며, 그 중 가장 큰 공약수를 최대공약수라고 합니다. 앞으로 수 $a_1, a_2, \cdots, a_n$의 최대공약수를 $(a_1, a_2, \cdots, a_n)$로 표시합니다.

> 예) 12, 18, 24의 공약수는 1, 2, 3, 6이므로 12, 18, 24의 최대공약수는 6이고, $(12, 18, 24) = 6$이라고 표시합니다.

공약수가 1 뿐인 두 수를 서로소라고 합니다.

> 예) 11과 13, 11과 15, 18과 27은 서로소입니다.

만약 몇 개의 수가 있는데 두 수끼리 서로소라면 이 몇 개의 수를 쌍마다 서로소라고 합니다.

> 예) 2, 9, 25와 3, 5, 7은 쌍마다 서로소인 수입니다.

몇 개의 수들이 공통적으로 가지는 배수를 이 수들의 공배수라고 하며, 그 중 가장 작은 수를 최소공배수라고 합니다.

앞으로 수 $a_1, a_1, \cdots, a_n$의 최소공배수를 $[a_1, a_2, \cdots, a_n]$로 표시합니다.

> 예) 4, 6, 8의 공배수는 24, 48, 72, …이므로 최소공배수는 24이고, $[4, 6, 8] = 24$로 표시합니다.

어떤 수들의 최대공약수와 최소공배수를 구하는 일반적인 방법으로는 나눗셈법과 소인수분해법 2가지가 있습니다. 나눗셈법은 많이 사용하므로 여기에서는 소인수분해법만 소개합니다.

먼저 간단한 예제를 보기로 합니다.

예제 24와 180의 최대공약수와 최소공배수를 구하시오.

[풀이] 24와 180의 소인수분해식은 $24 = 2^3 \times 3$, $180 = 2^2 \times 3^2 \times 5$이고, 최대공약수는 공약수 중에서 가장 큰 수이므로 24와 180의 공통 소인수인 2와 3을 포함해야 하고, 소인수의 최소한의 공통 개수로 2가 2개, 3이 1개 필요합니다.

따라서 24와 180의 최대공약수는 $(24, 180) = 2^2 \times 3 = 12$입니다.

최소공배수는 공배수 중에서 가장 작은 수이므로 24와 180의 모든 서로 다른 소인수 2, 3, 5를 포함해야 하고, 각 소인수의 개수 중 제일 많은 것, 즉 2가 3개, 3이 2개, 5가 1개 필요합니다.

따라서 24와 180의 최소공배수 $[24, 180] = 2^3 \times 3^2 \times 5 = 360$입니다.

이 방법은 일반적인 상황에서도 적용됩니다.

다음 물음에 답하시오.

(1) 168과 540의 최대공약수와 최소공배수를 각각 구하시오.

🟦 TIP

(1) $168 = 2^3 \times 3 \times 7$,
$540 = 2^2 \times 3^3 \times 5$

(2) $24 = 2^3 \times 3$,
$60 = 2^2 \times 3 \times 5$,
$126 = 2 \times 3^2 \times 7$

(2) 24, 60, 126의 최대공약수와 최소공배수를 각각 구하시오.

풀이   (1) $168 = 2^3 \times 3 \times 7$, $540 = 2^2 \times 3^3 \times 5$이므로

168과 540의 최대공약수 $(168, 540) = 2^2 \times 3 = 12$입니다.

또, 168과 540의 최소공배수 $[168, 540] = 2^3 \times 3^3 \times 5 \times 7 = 7560$입니다.

(2) $24 = 2^3 \times 3$, $60 = 2^2 \times 3 \times 5$, $126 = 2 \times 3^2 \times 7$이므로 24, 60, 126의 최대공약수

$(24, 60, 126) = 2 \times 3 = 6$입니다. 24, 60, 126의 최소공배수

$[24, 60, 126] = 2^3 \times 3^2 \times 5 \times 7 = 2520$입니다.   답 (1) 12, 7560 (2) 6, 2520

예제
2

자연수 10개의 합이 1001일 때, 이 자연수 10개의 최대공약수의
최댓값은 얼마입니까?

🟦 TIP

자연수 10개의 최대공약수는 이
수들의 합인 1001의 약수이어야
합니다.

풀이   이 자연수 10개의 최대공약수는 이 수들의 합인 1001의 약수이어야 합니다.

$1001 = 7 \times 11 \times 13$이므로 약수는 1, 7, 11, 13, 7×11, 7×13, 11×13, $7 \times 11 \times 13$ 밖에 없습니다.

자연수 10개의 최대공약수가 최댓값이 되려면 $7 \times 13 \;= 91$을 구해야 합니다. (당연히 $7 \times 11 \times 13$은 불가능합니다. 만약 11×13이라면 $1001 \div (11 \times 13) = 7 < 10$이므로 자연수 10개가 모두 11×13을 약수로 갖고 있다면 합은 1001이 넘습니다. 그러므로 문제의 조건에 맞지 않습니다. 따라서 최대공약수의 최댓값은 91입니다. (이때 수 9개는 91이고, 수 1개는 2×91라고 할 수 있습니다.)

설명   이렇게 풀 수도 있습니다. $1001 \div 10 = 100 \cdots\cdots 1$이므로 자연수 10개의 최대공약수는 100을 넘지 않습니다. 또 $1001 = 7 \times 11 \times 13$이므로 1001의 약수 중에서 100을 넘지 않는 최대공약수는 $7 \times 13 = 91$입니다. 따라서 자연수 10개의 최대공약수에서 가능한 최댓값은 91입니다.   답 91

2 최대공약수와 최소공배수의 성질

[성질1] a와 b가 서로소라면 a와 b의 최대공약수는 1이고 최소공배수는 $a \times b$입니다.

    (예) 8과 15는 서로소이므로 최대공약수는 1이고 최소공배수는 $8 \times 15 = 120$입니다.

[성질2] a가 b의 배수라면 a와 b의 최대공약수는 b이고 최소공배수는 a입니다.

    (예) 18은 6의 배수이므로 18과 6이고 최소공배수는 6이고 최소공배수는 18입니다.

[성질3] 두 수의 최대공약수와 최소공배수를 곱한 값은 이 두 수를 곱한 값과 같습니다.

    (예) 12와 28의 최대공약수는 4이고 최소공배수는 84이므로, $4 \times 84 = 336 = 12 \times 28$입니다.

[성질4] a, b, c가 쌍마다 서로소라면 이 수들의 최소공배수는 $a \times b \times c$입니다.

예제
3
두 수의 최대공약수가 18이고 최소공배수는 180이며, 두 수의 차는 54입니다. 이때, 두 수의 합을 구하시오.

⚙TIP
두 수의 최대공약수는 18이고 최소공배수는 180이므로 이 두 수를 곱한 값은 $18 \times 180 = 18 \times 18 \times 2 \times 5$입니다.

> 풀이   이 두 수의 최대공약수는 18이고 최소공배수는 180이므로 이 두 수를 곱한 값은 $18 \times 180 = 18 \times 18 \times 2 \times 5$입니다. 따라서 최대공약수는 18이고 최소공배수는 180인 조건을 만족시키는 두 수는 18과 180 또는 36과 90입니다.($180 = 18 \times 2 \times 5$, $36 = 18 \times 2$, $90 = 18 \times 5$이므로) 그러나 이 둘 중 36과 90의 경우만 차가 54인 조건을 만족시키므로 구하려는 두 수의 합은 $36 + 90 = 126$입니다.   답 126

예제
4
두 수의 차이는 21이고, 최대공약수와 최소공배수의 합이 287일 때, 두 수의 합은 얼마입니까?

⚙TIP
구하는 두 수를 각각 a, b라고 하면, 합과 차의 나누어떨어지는 성질에서 $(a, b) \mid 21$이고, $(a, b) < 21$입니다.

> 풀이   구하는 두 자연수를 각각 a, b라고 하면, 합과 차의 나누어떨어지는 성질에서 $(a, b) \mid 21$이고, $(a, b) < 21$입니다. 또 $(a, b) \mid [a, b]$이므로 $(a, b) \mid \{(a, b) + [a, b]\}$입니다.
> 즉 $(a, b) \mid 287$입니다. $287 = 7 \times 41$이므로 287의 약수는 1, 7, 41, 287입니다.
> 이 중 21보다 작은 약수는 1과 7뿐입니다. 즉 $(a, b) = 1$ 또는 7입니다.
> 만약 $(a, b) = 1$이라면 a, b는 서로소이므로
> $ab = (a, b) \times [a, b] = [a, b] = 287 - (a, b) = 287 - 1 = 286$입니다.
> $286 = 2 \times 11 \times 13$이므로 두 수의 차이가 21인 자연수의 곱으로 나눌 수 없으므로 $(a, b) \neq 1$입니다.
> $(a, b) = 7$일 때, $[a, b] = 287 - 7 = 280$입니다.
> $ab = (a, b) \times [a, b] = 7 \times 280 = 1960$입니다.
> $1960 = 56 \times 35$이며 $56 - 35 = 21$이므로 a와 b는 각각 56과 35입니다.
> 따라서 두 자연수의 합은 $56 + 35 = 91$입니다.   답 91

예제 5

5, 7, 9, 11 이 네 수로 나누어떨어지는 가장 큰 다섯 자리 수는 무엇입니까?

> **TIP**
>
> 5, 7, 9, 11은 다 서로소이므로 5, 7, 9, 11로 나누어떨어지는 가장 작은 수는 이 수들의 최소공배수인 $5 \times 7 \times 9 \times 11 = 3465$입니다.

> **풀이**
>
> 이 수의 어떤 배수라도 5, 7, 9, 11로 나누어떨어집니다.
> $28 \times 3465 = 97020 < 100000 < 29 \times 3465 = 100485$이므로 구하려는 가장 큰 다섯 자리 수는 97020입니다. 또 $100000 \div 3465 = 28 \cdots\cdots 2980$이므로 구하려는 가장 큰 다섯 자리수는 $100000 - 2980 = 97020$입니다.
>
> 답 97020

3 최대공약수와 최소공배수의 실제 적용 예

최대공약수와 최소공배수의 응용범위는 매우 넓습니다.
여기에서는 실제로 적용할 수 있는 몇 가지 예제를 들어봅시다.

예제 6

가로가 72cm, 세로가 60cm인 직사각형 철판 하나를 모양과 크기가 같은 정사각형으로 나누려고 합니다. 정사각형을 최대한 크게 자르고 철판의 남는 부분이 없게 자르려면 정사각형 철판은 몇 조각이 나옵니까?

> **TIP**
>
> 직사각형 철판을 최대한 큰 정사각형으로 자를 때, 변의 길이가 가장 길고, 남는 부분이 없어야 한다면, 한 변의 길이는 72와 60의 최대공약수이어야 합니다.

> **풀이**
>
> 직사각형 철판을 최대한 큰 정사각형으로 자를 때, 변의 길이가 가장 길고, 남는 부분이 없어야 한다면, 변의 길이는 72와 60의 최대공약수이어야 합니다.
> 72와 60의 최대공약수는 12이므로 정사각형의 한 변의 길이는 12cm입니다.
> 따라서 잘라낸 조각의 수는 $(72 \div 12) \times (60 \div 12) = 30$(조각)입니다.
>
> 답 30조각

예제 7

자동차를 한 대 만드는데 3개의 공장을 거쳐야 합니다. 첫 번째 공장은 직원 한 명이 시간당 48대를 처리하고, 두 번째 공장에서는 직원 한 명이 시간당 32대를 처리하고, 세 번째 공장에서는 직원 한 명이 시간당 28대를 처리합니다. 각 공장에 최소한 몇 명의 직원이 배치되어야 자동차를 만들 때, 일이 밀리거나 빠르지 않을 수 있습니까?

> **TIP**
>
> 적정수를 맞추려면 매시간 각각의 공정과정에서 만드는 부품수가 같아야 합니다. 그러므로 48, 32, 28의 최소공배수를 구해야 합니다.

> **풀이**
>
> 일이 밀리거나 빠르지 않게 하려면 시간당 각 공장에서 처리하는 자동차의 대수가 같아야 합니다. 따라서 48, 32, 28의 최소공배수를 구해야 합니다.
> $48 = 2^4 \times 3$, $32 = 2^5$, $28 = 2^2 \times 7$이므로 48, 32, 28의 최소공배수는 $2^5 \times 3 \times 7 = 672$입니다.
> 그러므로 첫 번째 공장에는 $672 \div 48 = 14$(명)을 배치하고, 두 번째 공장에는 $672 \div 32 = 21$(명)을 배치하고, 세 번째 공장에는 $672 \div 28 = 24$(명)을 배치해야 합니다.
>
> 답 14명, 21명, 24명

예제
8
갑, 을, 병 세 사람이 도서관에 가서 책을 빌리는데, 갑이 6일에 한 번, 을이 8일에 한 번, 병이 9일에 한번 갑니다. 만약 3월 5일에 이 세 사람이 도서관에서 마주쳤다면 다음 번 세 사람이 모두 도서관에 가는 날은 몇 월 며칠입니까?

★ TIP
다음 번에 갑, 을, 병이 모두 도서관에 가는 날은 3월 5일 이후 6, 8, 9의 최소공배수 일 후입니다.

풀이 다음 번에 갑, 을, 병이 모두 도서관에 가는 날은 3월 5일 이후 6, 8, 9의 최소공배수 후입니다. $[6, 8, 9]=72$이므로 3월 5일의 72일 후는 5월 16일입니다.
따라서 세 사람이 다음번에 모두 도서관에 가는 날은 5월 16일입니다.
답 5월 16일

---

4 **그 밖의 예**

예제
9
a, b, c는 자연수입니다. a, b의 최소공배수는 60이고, b, c의 최소공배수는 70이고, a, c의 최소공배수는 84라면 a는 얼마입니까?

★ TIP
$[a, b]=60=2^2 \times 3 \times 5$ … ①
$[b, c]=70=2 \times 5 \times 7$ … ②
$[a, c]=84=2^2 \times 3 \times 7$ … ③

풀이 $[a, b]=60=2^2 \times 3 \times 5$ …… ①
$[b, c]=70=2 \times 5 \times 7$ …… ②
$[a, c]=84=2^2 \times 3 \times 7$ …… ③
소인수분해로 최소공배수를 구하는 방법에 따라
①에서 a, b는 모두 7을 포함하지 않으며,
②에서 b, c는 모두 3과 2^2을 포함하지 않지만 적어도 모두 2를 가지고 있습니다.
③에서 a, c는 모두 5를 가지고 있지 않습니다.
따라서 a는 5와 7이 없고, $2^2 \times 3$만 가졌으므로 $a=2^2 \times 3=12$입니다.
답 12

예제 10

2개의 자연수 갑과 을은 소인수 2와 3만을 가지고 있고 약수의 개수는 12개씩이고 최대공약수는 12입니다. 이때, 갑과 을 두 수의 합을 구하시오.

☼ TIP

갑과 을의 소인수는 모두 2와 3뿐이므로, 갑$=2^n \times 3^m$, 을$=2^p \times 3^q$의 형식만 가능합니다. 여기에서 n, m, p, q는 자연수입니다.

풀이

갑과 을의 소인수는 모두 2와 3뿐이므로 갑$=2^n \times 3^m$, 을$=2^p \times 3^q$의 형식만 가능합니다. 여기에서 n, m, p, q는 자연수입니다. 갑과 을 두 수의 최대공약수는 $12=2^2 \times 3$이므로 n, m, p, q는 $n \geq 2$, $p \geq 2$, $m \geq 1$, $q=1$이어야 합니다.

또 갑과 을 두 자연수의 공약수는 모두 12개이므로 공약수를 구하는 계산공식은 $(n+1) \times (m+1)=12$, $(p+1) \times (q+1)=12$입니다. 12를 분해하는 1보다 큰 2개의 약수의 곱 형식으로 분해하면 6×2와 3×4입니다. 따라서

$(n+1) \times (m+1)=6 \times 2$ ······ ①

$(p+1) \times (q+1)=3 \times 4$ ······ ②

(1) 식 ①에 따라 $n \geq 2$이므로 $n+1=6$, $m+1=2$입니다. 그러므로 $n=5$, $m=1$입니다. 따라서 갑은 $2^5 \times 3$입니다.

이때 갑과 을 두 수의 최대공약수가 $12=2^2 \times 3$이므로 $p=2$입니다.

따라서 을$=2^2 \times 3^q$입니다.

을의 약수가 12이므로 $(2+1) \times (q+1)=12$로 $q=3$입니다.

따라서 을$=2^2 \times 3^3$이고 갑과 을 두 수의 합은 204입니다.

(2) 식 ②에 따라 $p+1=3$, $q+1=4$ 또는 $p+1=4$, $q+1=3$입니다.

$p+1=3$, $q+1=4$일 때, $p=2$, $q=3$입니다.

이때, 을$=2^2 \times 3^3$입니다. 갑과 을 두 수의 최대공약수는 $12=2^2 \times 3$이므로 갑$=2^n \times 3$입니다.

갑의 약수가 12개이므로 $(n+1) \times (1+1)=12$로 $n=5$입니다. 즉, 갑$=2^5 \times 3$입니다. 따라서 갑과 을 두 수의 합은 $2^5 \times 3 + 2^2 \times 3^3 = 204$입니다.

$(p+1)=4$, $(q+1)=3$일 때, $p=3$, $q=2$입니다. 이때 을$=2^3 \times 3^2$입니다. 따라서 갑과 을 두 수의 최대공약수는 $12=2^2 \times 3$이므로 갑$=2^2 \times 3$입니다. 이때 갑의 약수의 개수는 $(2+1) \times (1+1)=6 \neq 12$이므로 문제의 조건에 맞지 않습니다.

따라서 갑과 을 두 수의 합은 $2^5 \times 3 + 2^2 \times 3^3 = 204$입니다.

🔲 204

01 다음 물음에 답하시오.

(1) 사과 320개와 귤 240개, 배 200개를 각각 똑같은 개수로 나누어 담아서 과일 바구니를 만들 때 바구니는 최대한 몇 개를 만들 수 있습니까?

(2) 귤이 여러 개 있는데 10개씩, 9개씩, 8개씩 또는 7개씩 나누어 상자에 넣으면 1개씩 남습니다. 귤은 최소한 몇 개입니까?

(3) 사과 박스에 사과가 여러 개 있습니다. 3개씩 세면 2개가 남고, 4개씩 세면 3개가 남고, 5개씩 세면 4개가 남습니다. 사과는 최소한 몇 게입니까?

02 다음 물음에 답하시오.

(1) 서로 다른 자연수 4개의 합이 1111일 때, 네 수의 공약수 중에서 최댓값은 얼마입니까?

(2) 4개의 연속한 자연수의 합이 22일 때, 네 수들의 최소공배수는 얼마입니까?

(3) 세 자연수의 최대공약수가 10이고, 최소공배수는 100입니다. 이런 자연수는 모두 몇 가지입니까?

03 다음 물음에 답하시오.

(1) 5학년 1반 학생의 수는 50명 이하입니다. 모둠으로 나누어 공부할 때 과목에 따라 각 모둠에 3명, 4명, 6명, 8명으로 나누어 보니 남는 학생이 하나도 없었습니다. 5학년 1반의 학생수는 모두 몇 명입니까? (단, 정답은 2개입니다.)

(2) 갑과 을이 일주일에 약 300개의 부품을 만듭니다. 을이 상자에 담을 때 이 부품을 세어 보았더니 한 상자당 12개씩 담으면 11개가 남고, 18개씩 담으면 1개가 모자랍니다. 또, 한 상자당 15개씩 담으면 마지막 7상자에는 2개씩 더 담아야 합니다. 갑과 을은 이번 주 안에 모두 몇 개의 부품을 만들었습니까?

04 다음 물음에 답하시오.

(1) 3개의 연속한 자연수의 최소공배수가 168일 때, 세 수를 구하시오.

(2) 두 자연수의 최소공배수는 180이고 최대공약수는 12입니다. 이 중 큰 수는 작은 수로 나누어떨어지지 않을 때, 두 수를 구하시오.

05 두 자연수의 차는 27이고 최대공약수와 최소공배수의 합은 1179입니다. 이때, 두 수의 합은 얼마입니까?

01 다음 물음에 답하시오.

(1) 학생 5명이 각각 소설책 a, b, c, d, e권을 가지고 있습니다.
a는 b의 3배, c의 4배, d의 6배, e의 9배라면 소설책은 최소한 몇 권입니까?

(2) 자연수 160개의 합이 2016일 때, 자연수 160개의 최대공약수의 최댓값은 얼마입니까?

(3) 4개의 연속한 홀수의 최소공배수가 33915일 때, 4개의 수 가운데 가장 큰 수는 얼마입니까?

02 다음 물음에 답하시오.

(1) A과자 144g, B과자 180g, C과자 240g의 가격이 같습니다. 이 3종류의 과자를 나누어서 포장을 하는데, 각 과자봉지의 가격이 같아야 합니다. 각 과자봉지의 가격을 최소로 하려면, A, B, C과자를 각각 몇 g씩 넣어야 합니까?

(2) 5개의 연속한 세 자리 자연수가 있습니다. 순서대로 4, 5, 6, 7, 8의 배수가 될 때, 5개의 연속한 세 자리 자연수를 구하시오.

(3) a와 b의 최대공약수가 31이고, $a \times b = 5766$입니다. 이때, a와 b를 구하시오.

03 다음 물음에 답하시오.

(1) 사과 187개와 배 36개가 있습니다. 먼저 사과를 어린이들에게 똑같이 나누어 주었더니 남는 것이 하나도 없었습니다. 다시 배를 이 어린이들에게 똑같이 나누어주니 2개가 남았습니다. 그렇다면, 어린이들에게 사과를 몇 개씩 나누어 주었습니까?

(2) 2, 3, 4, 5, 6, 7의 6개 숫자를 사용하여 2개의 세 자리 수를 만들었습니다. 540과의 최대공약수가 가장 큰 수가 될 때의 이 2개의 세 자리 수를 구하시오.

04 다음 물음에 답하시오.

(1) 갑, 을, 병 세 학생이 운동장에서 달리기 시합을 했습니다. 한 바퀴를 도는데 갑이 1분, 을은 1분 30초, 병은 1분 15초가 걸렸습니다. 세 사람이 동시에 같은 지점에서 출발하면 몇 분 후에 출발지점에서 다시 만납니까? 또, 각각 몇 바퀴씩 뛰었습니까?

(2) 찬우가 청소년 센터의 음악반에 가입하였는데, 음악반 수업은 7월 8일에 개학하여 4일마다 수업이 한 번씩 있습니다. 세민이는 미술반에 가입하였는데, 7월 9일에 개학하여 5일 마다 수업이 한 번씩 있습니다. 주엽이는 바둑반에 가입하였는데, 7월 10에 개학하여 6일 마다 수업이 한 번씩 있습니다. 그렇다면 이들 세 사람이 처음으로 함께 수업하러 가는 날은 몇 월 며칠입니까?

05 5개의 연속한 자연수의 합이 2, 3, 4, 5, 6으로 각각 나누어떨어집니다. 이 조건을 만족하는 가장 작은 5개의 연속한 자연수는 각각 무엇입니까?

1 기본개념

자연수의 나눗셈 계산에서 나누어떨어지는 경우보다 나누어떨어지지 않는 경우가 더 많습니다. 나누어떨어지지 않으면 0이 아닌 나머지가 생깁니다.

> 예 94÷3의 몫은 31, 나머지는 1이고, 2015÷3의 몫은 671, 나머지는 2입니다.
>
> 보통 94÷3=31 …… 1, 2015÷3=671 …… 2라고 표시합니다.
>
> 다른 표시법으로는 94=3×31+1, 2015=3×671+2가 있습니다.

일반적으로 a가 자연수이고 b가 자연수라면 a가 b로 나누어떨어지지 않을 때, 반드시 두 자연수 q와 r이 존재하며 $a=b×q+r$ 또는 $a÷b=q$ …… $r(0<r<b)$가 됩니다.

이 식을 나머지가 있는 나눗셈이라고 합니다.

q는 몫, r은 나머지라고 하며, a와 b는 각각 나누어지는 수, 나누는 수라고 부릅니다. 이 식을 말로 풀면 다음과 같습니다.

나누어지는 수=나누는 수×몫+나머지

나눗셈의 세로식을 사용하여 몫과 나머지를 직접 구할 수 있습니다.

예제 1

어떤 두 자릿수를 어떤 한 자릿수로 나누면 몫은 두 자릿수이고 나머지는 8입니다. 이때, 나누어지는 수, 나누는 수, 몫과 나머지의 합은 얼마입니까?

> ✪ TIP
> 나누는 수는 한 자릿수이고 나머지가 8보다 크기 때문에 가능한 수는 9뿐입니다.

> 풀이 나누는 수는 한 자릿수이고 나머지가 8보다 크기 때문에 가능한 수는 9뿐입니다. 나누어지는 수와 몫은 두 자릿수이고 나누는 수는 9이므로 나누어지는 수는 99, 98, …, 90 중에서만 가능한데, 9로 나눈 나머지가 8인 수는 98뿐입니다. (98÷9=10……8)
> 따라서 구하려는 합=98+9+10+8=125입니다.
> 답 125

예제 2

2012년의 국군의 날(10월 1일)은 월요일입니다. 그렇다면 2019년 1월 1일은 무슨 요일입니까?

> ✪ TIP
> 문제는 전체 날짜의 합을 7로 나누는 나머지 문제입니다.

> 풀이 문제는 전체 날짜의 합을 7로 나누는 나머지 문제입니다. 2012년 국군의 날(10월 1일)부터 (이 날 포함) 2019년 1월 1일(이 날 포함)까지 2012년의 10월은 31일, 11월은 30일, 12월은 31일로 모두 92일입니다. 2013년, 2014년, 2015년, 2017년, 2018년은 각각 365일이고, 2016년은 윤년이므로 366일입니다. 2019년 새해 1일까지 모두
> 92+5×365+366+1=2284(일)입니다.
> 2284÷7=326……2이므로 2019년 1월 1일은 화요일입니다.
> 답 화요일

예제
3

어떤 자연수들로 2016을 나눈 나머지가 모두 54일 때, 이 자연수들을 작은 수부터 순서대로 나열했을 때 4번째 수는 무엇입니까?

⚙ TIP

2016을 나눈 나머지 수가 54인 자연수는 $2016-54=1962=$ $2\times3^2\times109$의 약수이면서, 41보다 큰 수입니다.

> **풀이** 2016을 나눈 나머지 수가 54인 자연수는 $2016-54=1962=2\times3^2\times109$의 약수이면서, 41보다 큰 수입니다. 그리고 1962의 약수는 모두 $(1+1)\times(1+2)\times(1+1)=12$개이며, 각각 1, 2, 3, 6, 9, 18, 109, 218, 327, 654, 981, 1962입니다.
> 이 가운데 54보다 큰 수를 작은 수부터 나열하면 109, 218, 327, 654, 981, 1962이 됩니다.
> 따라서 조건을 만족시키는 4번째 수는 654입니다. 　　📋 654

2 　나머지의 성질

나머지의 성질은 많으나, 여기에서는 2가지 일반적이고 간단한 성질을 소개합니다.

[성질 1] (합과 관련된 나머지의 성질)

$(a+b)\div m$의 나머지$=\{(a\div m$의 나머지$)+(b\div m$의 나머지$)\}\div m$의 나머지

[성질 2] (곱과 관련된 나머지의 성질)

$(a\times b)\div m$의 나머지$=\{(a\div m$의 나머지$)\times(b\div m$의 나머지$)\}\div m$의 나머지

이 2가지 성질은 합과 곱의 나머지를 간단하게 구하는 방법을 알려줍니다.

예제
4

다음 물음에 답하시오.

(1) $34+127$과 34×127을 4로 나눈 나머지를 구하시오.

⚙ TIP

(1) $34\div4$의 나머지는 2이고, $127\div4$의 나머지는 3입니다.
(2) $18\div7$의 나머지는 4, $41\div7$의 나머지는 6, $234\div7$의 나머지는 3입니다.

(2) $18+41+234$와 $18\times14\times234$를 7로 나눈 나머지를 구하시오.

> **풀이** (1) $34\div4$의 나머지는 2이고, $127\div4$의 나머지는 3이므로
> $(34+127)\div4$의 나머지$=(2+3)\div4$의 나머지$=1$입니다.
> $(34\times127)\div4$의 나머지$=(2\times3)\div4$의 나머지$=2$입니다.
> (2) $18\div7$의 나머지는 4, $41\div7$의 나머지는 6, $234\div7$의 나머지는 3이므로
> $(18+41+237)\div7$의 나머지$=(4+6+3)\div7$의 나머지$=13\div7$의 나머지$=6$입니다.
> $(18\times41\times237)\div7$의 나머지$=(4\times6\times3)\div7$의 나머지$=72\div7$의 나머지$=2$입니다.
> 　　📋 (1) 1, 2　(2) 6, 2

예제
5
어떤 자연수를 72로 나눈 나머지가 68일 때, 이 자연수를 24로 나누면 나머지는 얼마입니까?

⊕TIP

이 자연수를 a라고 하고 식을 만들면, $a=72 \times q + 68$로 여기에서 q가 몫입니다.

풀이 이 자연수를 a라고 하고 식을 만들면, $a=72 \times q + 68$로 여기에서 q가 몫입니다.
72는 24로 나누어떨어지고 68은 24로 나누면 20이 남으므로 a를 24로 나눈 나머지는 20입니다.

답 20

예제
6
오늘이 토요일이라면 오늘부터 10^{2019}일 후는 무슨 요일입니까?

⊕TIP

이것은 7로 나눈 나머지 문제입니다. 오늘을 1일이라고 하면 10^{2019}일 지난 날은 $10^{2019}+1$일입니다.

풀이 이것은 7로 나눈 나머지 문제입니다. 오늘을 1일이라고 하면 10^{2019}일 지난 날은 오늘부터 $10^{2019}+1$일 입니다. 따라서

$$10^{2019}+1=10^{2016+3}+1=10^{2016} \times 10^3+1$$

$$=\underbrace{1000 \cdots 00}_{\text{0이 2016개}} \times 1000+1=(\underbrace{99 \cdots 99}_{\text{9가 2016개}}+1) \times 1000+1$$

$$=\underbrace{999 \cdots 99000}_{\text{9가 2016개}}+1000+1=\underbrace{999 \cdots 99000}_{\text{9가 2016개}}+1001$$

입니다.

999999가 7로 나누어떨어지고(즉, $999999 \div 7$의 나머지는 0입니다.) 2016은 6의 배수이므로
$\underbrace{999 \cdots 99000}_{\text{9가 2016개}}$은 7로 나누면 나머지는 0입니다.

또, 1001을 7로 나눈 나머지는 0이므로 $(10^{2019}+1)$을 7로 나눈 나머지는 0입니다.
1주일은 7일이므로 정답은 금요일입니다.

주의 어떤 한 여섯 자릿수 $\overline{abcabc}$가 모두 7로 나누어떨어지는 것은 자주 사용되는 중요한 결론입니다.

답 금요일

3 병사 모으기 문제

중국 고대의 유명한 수학서인 《손자산경》에 이런 유형의 문제가 있습니다.

지금 사람들이 있는데 몇 명인지 모릅니다. 3명씩 묶으면 2명이 남고, 5명씩 묶으면 3명이 남고, 7명씩 묶으면 2명이 남습니다. 사람들은 모두 몇 명입니까? 이러한 유형의 문제를 흔히 병사 모으기 문제라고 합니다. 요즘의 수학용어로 풀이하면 다음과 같습니다.

어떤 수를 3으로 나누면 2가 남고, 5로 나누면 3이 남고, 7로 나누면 2가 남는데 이 조건을 만족시키는 가장 작은 수는 얼마입니까?

《손자산경》의 방법은 세계적으로 유명하므로, 중국인의 나머지 정리라고 칭합니다.

여기에서는 일반 정리와 풀이는 소개하지 않고 병사 모으기 문제의 특수한 풀이 — 열거의 방법을 소개합니다.

먼저 3으로 나누면 2가 남는 수를 나열합니다.

$$2, \ 5, \ 8, \ 11, \ 14, \ 17, \ 20, \ 23, \ 26, \ \cdots$$

그 다음 5로 나누면 3이 남는 수를 나열합니다.

$$3, \ 8, \ 13, \ 23, \ 28, \ \cdots$$

마지막으로 7로 나누면 2가 남는 수를 나열합니다.

$$2, \ 9, \ 16, \ 23, \ 30, \ \cdots$$

위에서 나열한 3줄의 수로 미루어 보아, 공통적으로 나타나는 첫 번째 수는 23입니다.

23은 3으로 나누면 2가 남고, 5로 나누면 3이 남고, 7로 나누면 2가 남는 조건을 만족시킵니다. 그러므로 문제에서 요구하는 가장 작은 수는 23입니다.

병사 모으기 문제 풀이 방법을 이용하여 비슷한 유형의 문제를 풀 수 있습니다.

예제 7

어떤 세 자리 수를 4로 나누면 2가 남고, 5로 나누면 1이 남고, 9로 나누면 6이 남습니다. 이러한 세 자리 수 가운데 가장 큰 수는 얼마입니까?

🔵 **TIP**
문제의 조건에 맞는 수를 나열해 보세요.

풀이 문제의 조건에 맞는 수를 각각 나열해 봅시다.
2, 6, 10, 14, 18, …
1, 6, 11, 16, 21, …
6, 15, 24, 33, 42, …입니다.
이때, 6은 조건을 만족시키는 제일 작은 수이므로 4, 5, 9의 최소공배수인 180의 배수에 6을 더한 수인 6, 180+6, 360+6, 540+6, 720+6, 900+6, 1080+6, …은 모두 문제의 조건을 만족시킵니다. 그 중 가장 큰 세 자리 수는 906입니다. 📋 906

예제 **8**

90명 이상 110명 이하의 학생들이 운동장에서 줄을 맞춰 체조를 하고 있습니다. 만약 3줄로 세우면 학생이 딱 맞게 나누어 떨어지고, 5줄로 세우면 2명이 모자라고, 7줄로 세우면 4명이 모자랍니다. 이때, 학생들은 모두 몇 명입니까?

🔵 TIP

이 문제는 결국 90부터 110 사이에서 3으로 나누어 떨어지고 5로 나누면 3이 남고, 7로 나누면 3이 남는 수를 구하는 것입니다.

이 문제는 결국 90부터 110사이에서 3으로 나누어 떨어지고 5로 나누면 3이 남고, 7로 나누면 3이 남는 수를 구하는 것입니다. 따라서 아래와 같이 풉니다.

풀이1 90~110 사이에서 3으로 나누어떨어지는 수는 90, 93, 96, 99, 102, 105, 108입니다. 이 중에서 5로 나누면 3이 남는 수는 93, 108입니다. 93과 108 가운데 7로 나누면 3이 남는 수는 108입니다. 따라서 구하는 수는 108입니다.

풀이2 먼저 5와 7의 최소공배수 35를 구하고, 35와 그 배수에 3을 더한 수(여기에서 3을 더한 것은 5줄로 세우면 2명이 모자라고, 7줄로 세우면 4명이 모자라기 때문입니다.)인 $35+3$, $70+3$, $105+3$, $140+3$, …을 구합니다. 이 중에 90~110의 사이에 있고, 3으로 나누어 떨어지는 수는 108입니다.

답 108

4 그 밖의 예

예제 **9**

어떤 자연수에서 이 자연수를 5로 나눈 나머지의 4배를 뺀 값이 234라면, 이 자연수는 얼마입니까?

🔵 TIP

이 자연수를 n, 5로 나눈 몫을 q, 나머지를 r(나머지 r은 자연수)이라고 한다면 $n=5 \times q+r$입니다. 따라서 $(5 \times q+r)-4 \times r=234$로 $5 \times q-3 \times r=234$입니다. 즉, $5 \times q=234+3 \times r$입니다.

풀이 이 자연수를 n, 5로 나눈 몫을 q, 나머지를 r(나머지 r은 자연수)이라고 한다면 $n=5 \times q+r$ 입니다. 따라서 $(5 \times q+r)-4 \times r=234$로 $5 \times q-3 \times r=234$입니다. 즉, $5 \times q=234+3 \times r$입니다. 이 식에 따르면 나머지의 3배에 234에 더하면 5의 배수가 됩니다. r은 4, 3, 2, 1 중에 있는데, $r=2$일 때는 $234+3 \times 2=240$으로 5의 배수가 됩니다. 따라서 이 자연수는 $234+4 \times 2=242$입니다.

답 242

예제
10

2016을 어떤 두 자릿수 $\overline{AB}$로 나누었을 때 나머지의 최댓값을 구하시오.

⊙TIP
나머지가 크기 위해서는 나누는 수도 커야 합니다.

풀이 $2016 \div 99 = 20 \cdots\cdots 36$, $2016 \div 98 = 20 \cdots\cdots 56$, $2016 \div 97 = 20 \cdots\cdots 76$이므로
몫이 20일 때, 나머지는 36, 56, 76입니다.
$2016 \div 96 = 21$,
$2016 \div 95 = 21 \cdots\cdots 21$,
$2016 \div 94 = 21 \cdots\cdots 42$,
$2016 \div 93 = 21 \cdots\cdots 63$,
$2016 \div 92 = 21 \cdots\cdots 84$이므로
몫이 21일 때, 나머지는 0, 21, 42, 63, 84입니다.
$2016 \div 91 = 22 \cdots\cdots 14$,
$2016 \div 90 = 22 \cdots\cdots 36$,
$2016 \div 89 = 22 \cdots\cdots 58$,
$2016 \div 88 = 22 \cdots\cdots 80$이므로
몫이 22일 때, 나머지는 14, 36, 58, 80입니다.
$2016 \div 87 = 23 \cdots\cdots 15$,
$2016 \div 86 = 23 \cdots\cdots 38$,
$2016 \div 85 = 23 \cdots\cdots 61$이므로
몫이 23일 때, 나머지는 15, 38, 61입니다.
몫이 24이상일 경우는 나머지가 84보다 작습니다.
따라서 구하는 나머지의 최댓값은 84입니다.   📑 84

01 다음 물음에 답하시오.

(1) 아래 식의 빈칸을 어떤 수로 채워야 나머지가 최대가 됩니까? 빈칸을 채우시오.

$$\boxed{} \div 17 = 38 \cdots\cdots \boxed{}$$

(2) 아래 식의 □안에 알맞은 숫자를 써서 나머지가 최대가 되게 하고 이 나머지를 ( ) 안에 쓰시오.

$$7\boxed{} \div 9 = 7 \cdots\cdots ( )$$

(3) 두 자릿수로 169를 나눈 나머지가 4일 때, 이때 가능한 두 자릿수를 모두 구하시오.

02 다음 물음에 답하시오.

(1) 초등학생 6명이 각각 1400원, 1700원, 1800원, 2100원, 2600원, 3700원을 가지고 함께 서점에 가서 동물 스티커북을 샀습니다. 그 중 세 사람이 돈을 모아서 2권을 샀고 두 사람이 돈을 합쳐 1권을 샀습니다. 그렇다면, 이 동물 스티커북의 가격은 얼마입니까?

(2) 종이 한 장을 6조각으로 잘라서 그 중 몇 조각을 골라 각각 6조각으로 잘랐습니다. 그 중 몇 조각을 골라 다시 각각 6조각으로 잘랐습니다. 몇 번을 이렇게 하다가 멈췄을 때, 종이의 조각 수가 될 수 있는 수는 2014, 2015, 2016, 2017 4개의 수 중 무엇입니까?

03 다음 물음에 답하시오.

(1) A = $\underbrace{201201201 \cdots 201201}_{201이\ 2015개}$ 라면, A를 7로 나누었을 때 나머지는 얼마입니까?

(2) 어떤 수를 8로 나누면 나머지가 7입니다. 그렇다면 이 수의 3배를 8로 나눌 때 나머지는 얼마입니까?

04 3으로 나누면 1이 남고, 4로 나누면 2가 남고, 5로 나누면 3이 남고, 6으로 나누면 4가 남는 가장 작은 자연수는 얼마입니까?

05 어떤 세 자리 수를 37로 나누면 17이 남고, 36으로 나누면 3이 남습니다. 이 세 자리 수는 얼마입니까?

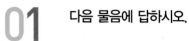
01 다음 물음에 답하시오.

(1) 어떤 세 자리 수를 43으로 나눈 몫과 나머지를 더했을 때 가장 큰 값을 구하시오.

(2) 카드 6장 위에 각각 1562, 1258, 1842, 1866, 1912, 2494라고 적혀 있습니다. 갑이 3장, 을이 2장, 병이 1장을 뽑았더니 갑과 을이 뽑은 카드 5장의 수들의 합은 병이 뽑은 카드의 1수의 6배였습니다. 그렇다면 병이 뽑은 카드에 적힌 수는 무엇입니까?

02 다음 물음에 답하시오.

(1) 2019년 새해 첫날이 화요일이라면 2020년의 새해 첫날은 무슨 요일입니까?

(2) 어떤 해의 3월에는 수요일이 5번, 화요일이 4번 있습니다. 이 해의 10월 1일은 무슨 요일입니까?

(3) 어떤 해의 10월에는 토요일이 5번, 일요일이 4번 있습니다. 이 해의 10월 1일은 무슨 요일입니까?

03 어떤 반의 학생 수가 60명보다 적은데, 이 학생들을 몇 개의 모둠으로 나누었습니다. 모둠을 8명씩 묶으면 5명이 남고, 11명씩 묶으면 마지막 두 모둠에 각각 1명이 모자랍니다. 그렇다면 이 반의 학생은 모두 몇 명입니까?

04 어떤 수를 3으로 나누면 2가 남고, 5로 나누면 1이 남습니다. 이때, 어떤 수를 15로 나누면 얼마가 남습니까?

05 0, 1, 2, 3이 4개의 숫자를 한 번씩만 사용해서 세 자리 수를 만들 때, 이 세 자리 수의 총합을 9로 나눈 나머지는 얼마입니까?

암호 해독하기

은우와 친구들이 한참 흥미진진하게 영어 암호 번역 놀이를 하고 있습니다.

놀이 내용은 이렇습니다. 1~26의 26개 자연수가 차례로 A~Z의 26개 영어 문자를 대표하는데, 이 26개의 수로 암호를 만들어 여러 가지 정보를 전달합니다. 예를 들면 9, 14, 20, 5, 18, 19, 20, 9, 14, 7, 13, 1, 20, 8, 5, 13, 1, 20, 9, 3, 19는 다음의 것을 표시합니다.

INTERESTING MATHEMATICS(재미있는 수학)

그런데 암호를 다른 사람이 쉽사리 알아내지 못하게 하기 위하여 각 수에 동일한 일정한 숫자를 더한 (또는 뺀) 다음, 처리법을 암호의 끝에 써서(혹은 기타의 방법으로) 암호의 수신자에게 가르쳐 줍니다. 수신자는 암호를 받은 후 우선 그것을 원래 형태로 고치고 다시 번역합니다.
예를 들면 앞의 암호를 아래와 같이 고칠 수 있습니다.

19, 24, 4, 15, 2, 15, 3, 4, 19, 24, 17, 23, 11, 4, 18, 15, 23, 11, 4, 19, 13, 3, N+10

암호의 마지막 〈N+10〉은 원래의 각각의 수에 10을 더 했다는 것을 표시합니다. 암호의 수신자는 암호를 접수한 후 각각의 수에서 10을 빼고 번역해야 합니다. 여기에서 특히 지적해야 할 것은, 암호를 처리할 때에 만일 원래의 수에다 10을 더한 합이 26보다 크면 그 합에서 26을 빼야 한다는 것입니다. 이를테면 위의 암호의 원래의 20에다 10을 더하면 30이 되지만, 새로운 암호에는 20+10-26=4를 써야 합니다. 번역할 때 4-10=-6은 음수입니다. 이와 같이 차가 음수일 때에는 이 음수에 26을 더해 원래의 수 4-10+26을 얻습니다.

이제 다음 세 조의 암호를 스스로 번역해 보세요.

23, 5 19, 8, 1, 12, 12 3, 15, 13, 5 1, 20 19, 9, 24

2, 16, 13 2, 26, 9, 17, 22 17, 1 20, 13, 9, 4, 17, 22, 15
14, 23, 26 1, 16, 9, 22, 15, 16, 9, 17 2, 23, 21, 23, 26, 26, 23, 5 N+8

7 21, 7, 17, 6 7 1, 13, 19, 10, 2 18, 25, 9, 3 25 18,
16, 7, 14 18, 13 18, 6, 3 11, 13, 13, 12 N-2

[해설] **We shall come at six.** (우리는 6시에 올 것입니다).

The train is leaving for Seoul tomorrow. (이 열차는 내일 서울로 떠날 것입니다.)

I wish I could take a trip to the moon. (나는 달에 여행갔으면 합니다.)

10 같은 나머지

1 같은 나머지의 개념

"나머지가 서로 같음"은 수학에서 '같은 나머지' 라고 간단히 말합니다.

어느 한 수로 나누고 생긴 같은 나머지를 나타내기 위해 일반적으로 아래와 같이 정의합니다.

만약 자연수 a, b를 자연수 m으로 나눈 나머지가 같다면 a, b는 m에 대해 같은 나머지입니다.

(예) 17과 23을 3으로 나누면 나머지(나머지는 2)가 같습니다.

그러므로 '17과 23은 3에 대해 같은 나머지' 입니다.

83과 132를 7로 나눈 나머지(나머지는 6)가 같으므로, "83과 132는 7에 대해 같은 나머지" 입니다.

※수론(정수론)에서는 특별히 '$a \equiv b (\mathrm{mod}\ m)$' 이라는 기호를 써서 '$a$와 b는 법 m에 대하여 합동' 이라고 부릅니다.

예제 1

다음 식을 증명하시오.

(1) 86^2와 2^2는 7에 대해 같은 나머지입니다.

(2) $(a+7 \times n)^2$와 a^2는 7에 대해 같은 나머지입니다. (n은 임의의 자연수)

💠TIP

(1) 86을 7로 나눈 나머지는 2입니다. 이를 이용해 보세요.
(2) $7 \times n$은 7로 나누어떨어집니다. 이를 이용해 보세요.

> **풀이1** $86=2+7 \times 12$이고, 7×12는 7로 나누면 나머지가 0이므로 앞 장에서 설명한 나머지 성질에 따라 86을 7로 나눈 나머지=$(2+0)$을 7로 나눈 나머지=2를 7로 나눈 나머지입니다.
> 또, 나머지 성질(2)−②에 따라 86^2을 7로 나눈 나머지=(2×2)를 7로 나눈 나머지=2^2을 7로 나눈 나머지입니다.
> 따라서 862과 22은 7에 대해 같은 나머지입니다.
>
> **풀이2** $7 \times n$을 7로 나눈 나머지는 0이므로 앞에서 설명한, 나머지 성질1에 따라 $(a+7 \times n)$을 7로 나눈 나머지=$(a+0)$을 7로 나눈 나머지=a를 7로 나눈 나머지입니다.
> 나머지 성질(2)−②에 따라, $(a+7 \times n)^2$을 7로 나눈 나머지=$(a \times a)$를 7로 나눈 나머지=a^2을 7로 나눈 나머지입니다.
> 따라서 $(a+7 \times n)^2$과 a^2은 7에 대해 같은 나머지입니다.　　　　답 풀이참조

1보다 큰 어느 한 자연수로 300, 243, 205를 나눌 때 같은 나머지가 생긴다면, 이 자연수는 _____ 입니다.

⚙ TIP
300−243, 243−205를 생각해 보세요.

풀이 이 자연수를 n이라고 하고 n으로 300, 243, 205를 나누었을 때 나머지를 r이라고 하면,

$300 = q_1 \times n + r$ ················· ①

$243 = q_2 \times n + r$ ················· ②

$205 = q_3 \times n + r$ ················· ③

위에서 q_1, q_2, q_3은 몫이고 $q_1 > q_2 > q_3$입니다. 따라서

①−②에서 $300 - 243 = (q_1 - q_2) \times n$

즉, $(q_1 - q_2) \times n = 57$입니다. ········ ④

①−③에서 $300 - 205 = (q_1 - q_3) \times n$

즉, $(q_1 - q_3) \times n = 95$입니다. ········ ⑤

②−③에서 $243 - 205 = (q_2 - q_3) \times n$

즉, $(q_2 - q_3) \times n = 38$입니다. ········ ⑥

④, ⑤, ⑥식에 따르면 n은 57, 95, 38의 공약수입니다.

$57 = 3 \times 19$, $95 = 5 \times 19$, $38 = 2 \times 19$이기 때문에 $n = 19$입니다. ($n > 1$이므로 공약수 19밖에 없습니다.) 따라서 자연수는 19입니다.

설명 위의 풀이 과정에서 다음과 같은 결론을 얻을 수 있습니다.

(1) a, b가 m에 대해 같은 나머지라면 m은 반드시 $a - b$의 1보다 큰 약수입니다.

(2) a, b, c가 m에 대해 같은 나머지라면 m은 반드시 a, b, c를 두 개씩 뺀 차의 1보다 큰 공약수입니다.

주의 이 결론은 $a, b, c, d, \cdots$ 더 많은 수가 있는 경우로 확대할 수 있습니다.   답 19

2 같은 나머지의 성질

여기에서는 같은 나머지의 두 가지 일반 성질을 소개하는데, 나머지의 두 가지 일반 성질과 유사합니다.

[성질 1] 합과 차의 같은 나머지 성질

만약 a, b가 m에 대해 같은 나머지이고, c, d가 m에 대해 같은 나머지라면 $a + c$와 $b + d$(또는 $a - c$와 $b - d$)는 m에 대해 같은 나머지입니다.

[성질 2] 곱과 관련된 나머지의 성질

만약 a, b가 m에 대해 같은 나머지이고, c, d가 m에 대해 같은 나머지라면 $a \times c$와 $b \times d$는 m에 대해 같은 나머지입니다.

특히 만약 a, b가 m에 대해 같은 나머지라면,

① $a \times n$과 $b \times n$은 m에 대해 같은 나머지입니다. (n은 0이 아닌 임의의 정수)

② a^2과 b^2은 m에 대해 같은 나머지입니다.

이 두 가지 성질을 이용하여 앞에서 설명한 나머지의 두 가지 성질과 결합하면 간략하게 '합' 과 '곱' 의 나머지 과정을 구할 수 있습니다. 아래의 예제를 봅니다.

예제 3

다음을 읽고 물음에 답하시오.

(1) 35789 ± 1586을 7로 나눈 나머지를 구하시오.

☀TIP

(1) 1586과 4, 35789와 5는 7에 대해 같은 나머지이므로 같은 나머지 성질1에 따라 (35789 ± 1586)과 (5 ± 4)는 7에 대해 같은 나머지입니다.

(2) 곱 $17 \times 354 \times 409 \times 672$를 13으로 나눈 나머지는 _____ 입니다.

☀TIP

(2) 17, 354, 409, 672는 각각 4, 3, 6, 9는 13에 대해 같은 나머지이므로 $(17 \times 354 \times 409 \times 672)$와 $(4 \times 3 \times 6 \times 9)$는 13에 대해 같은 나머지입니다.

풀이 (1) 1586과 4, 35789와 5는 7에 대해 같은 나머지이므로 같은 나머지 성질에 따라 $(35789+1586)$과 $(5+4)$는 7에 대해 같은 나머지입니다. 그리고 $(5+4)$와 2는 7에 대해 같은 나머지입니다. $(5-4)$와 1은 7에 대해 같은 나머지입니다.
따라서 $(35789+1586)$과 2는 7에 대해 같은 나머지입니다.
$(35789-1586)$과 1은 7에 대해 같은 나머지입니다.
즉, $(35789+1586)$을 7로 나눌 때 나머지는 2이고, $(35789-1586)$을 7로 나눌 때 나머지는 1입니다.
(2) 17, 354, 409, 672는 각각 4, 3, 6, 9는 13에 대해 같은 나머지이므로
$(17 \times 354 \times 409 \times 672)$와 $(4 \times 3 \times 6 \times 9)$는 13에 대해 같은 나머지입니다. 그리고
$(4 \times 3 \times 6 \times 9)$와 11은 13에 대해 같은 나머지입니다.
따라서 $(17 \times 354 \times 409 \times 672)$와 11은 13에 대해 같은 나머지입니다.
즉, $17 \times 354 \times 409 \times 672$를 13으로 나눈 나머지는 11입니다. 답 (1) 2, 1 (2) 11

예제
4

$1^2+2^2+3^2+\cdots+2013^2+2014^2$을 4로 나눈 나머지는 _____ 입니다.

🔆 TIP

먼저 예제 1의 (2)번 문제 증명 방법과 같은 방법으로 증명할 수 있습니다.
임의의 자연수 a, n에 대해 볼 때, $(a+4\times n)^2$와 a^2은 4에 대해 같은 나머지입니다.

풀이 예제1의 (2)번 문제 증명 방법과 같은 방법으로 증명할 수 있습니다.

임의의 자연수 a, n에 대해 $(a+4\times n)^2$과 a^2은 4에 대해 같은 나머지입니다.

$(a+4\times n)$과 a가 4에 대해 같은 나머지이므로 같은 나머지 성질(2)−②에 따라

$(a+4\times n)^2$과 a^2은 4에 대해 같은 나머지입니다. 따라서

$n=0,\ 1,\ 2,\ \cdots,\ 502,\ 503$입니다.

($a=1$일 때) $1^2,\ 5^2,\ 9^2,\ \cdots,\ 2009^2,\ 2013^2$은 4에 대해 같은 나머지를 가집니다.

($a=2$일 때) $2^2,\ 6^2,\ 10^2,\ \cdots,\ 2010^2,\ 2014^2$은 4에 대해 같은 나머지를 가집니다.

($a=3$일 때) $3^2,\ 7^2,\ 11^2,\ \cdots,\ 2011^2$은 4에 대해 같은 나머지를 가집니다.

($a=4$일 때) $4^2,\ 8^2,\ 12^2,\ \cdots,\ 2012^2$은 4에 대해 같은 나머지를 가집니다.

$2014\div4=503\cdots\cdots2$이므로

$(1^2+2^2+3^2+\cdots+2013^2+2014^2)$와 $\{(1^2+2^2+3^2+4^2)\times503+((1^2+2^2)\}$는 4에 대해 같은 나머지를 가집니다.

$(1^2+2^2+3^2+4^2)$을 4로 나눈 나머지는 2이고, (1^2+2^2)를 4로 나눈 나머지는 1이므로 $\{(1^2+2^2+3^2+4^2)\times503+((1^2+2^2)\}$를 4로 나누면 나머지는 3입니다.

따라서 $(1^2+2^2+3^2+\cdots+2013^2+2014^2)$을 4로 나눈 나머지는 3입니다. 🔲 3

3 나머지의 반복을 이용한 문제풀이

자연수를 어떤 자연수로 나눌 때의 나머지 수의 분석표를 관찰해봅시다.

나머지 자연수 나누는 수	1 2 3 4 5 6 7 8 9 ···
2	1 0 1 0 1 0 1 0 1 ··· 1과 0이 반복됩니다.
3	1 2 0 1 2 0 1 2 0 ··· 1, 2, 0이 반복됩니다.
4	1 2 3 0 1 2 3 0 1 ··· 1, 2, 3, 0이 반복됩니다.
···	··· ···

일반적으로 자연수를 자연수 $m(m>1)$으로 나눈 나머지는

$1, 2, \cdots, m-1, 0, 1, 2, \cdots, m-1, 0, 1, 2, \cdots$처럼 $1, 2, \cdots, m-1, 0$을 주기로 반복되어 나타납니다. 따라서 나머지와 관련된 많은 문제에서 반복 현상을 이용해서 문제 풀이를 합니다.

예제 5

2014자리 자연수의 각 자릿수가 모두 3입니다. 이 수를 13으로 나누면 몫의 왼쪽에서 오른쪽으로 200번째 자릿수는 얼마입니까? 또, 몫의 일의 자릿수와 나머지는 각각 얼마입니까?

✦TIP

$333333 \div 13 = 25641$이므로 $33 \cdots 3$을 13으로 나눈 몫은 왼쪽에서 오른쪽으로 6개의 수 256410이 "순환"되는 수입니다.

풀이 $333333 \div 13 = 25641$이므로 $33 \cdots 3$(3이 2014개)을 13으로 나눈 몫은 왼쪽에서 오른쪽으로 6개의 수 256410이 반복되는 수입니다. $200 \div 6 = 33 \cdots 2$이므로 몫의 200번째 자릿수는 5입니다.

$2014 \div 6 = 335 \cdots 4$이므로 $33 \cdots 3$(3이 2014개)의 앞 2010자리 수는 13으로 나누어떨어집니다.

나머지의 네 자리 수 3333을 13으로 나누면 $3333 \div 13 = 256 \cdots 5$이므로 몫의 일의 자릿수는 6이고, 나머지는 5입니다.

답 5, 6, 5

예제 6

수열 1, 1, 2, 3, 5, 8, 13, 21, …에서 세 번째 수부터 각 수는 앞의 두 수를 더한 값입니다. 이 수열의 2015번째 수를 8로 나눈 나머지는 얼마입니까?

✦TIP

각각의 수를 8로 나눈 나머지의 반복을 생각해 보세요.

풀이 이 수열은 다음과 같습니다.

1, 1, 2, 3, 5, 8, 13, 21, 34, 55, 89, 144, 233, 377, 610, 987, 1597, 2584, 4181, 6765, 10946, ……각각 8로 나눌 때 나머지는

1, 1, 2, 3, 5, 0, 5, 5, 2, 7, 1, 0, 1, 1, 2, 3, 5, 0, 5, 5, 2, …입니다.

여기서 알 수 있는 것은 나머지가 1, 1, 2, 3, 5, 0, 5, 5, 2, 7, 1, 0인 12개의 수를 주기로 반복된다는 점입니다.

$2015 \div 12 = 167 \cdots 11$이므로 2015번째 수를 1로 나눈 후 나머지는 5입니다. (반복되는 수에서 11번째 수는 1입니다.)

주의 나머지 수들은 나머지의 성질에 따라 나머지 가운데 앞의 몇 개의 수 1, 1, 2, 3, 5, 0, …에서 구할 수 있습니다. 세 번째부터 나머지가 시작되어 각 수는 앞의 두 나머지의 합을 8로 나눈 나머지 수입니다. 예를 들어 여섯번째 나머지 수는 바로 $(3+5) \div 8$의 나머지인 0입니다. 따라서 원래의 수열은 그렇게 많이 쓰지 않고도 앞의 두세개만 알면 됩니다. 즉, 8로 나눈 나머지 수열을 구할 수 있습니다.

답 1

예제
7

1부터 2015까지의 모든 자연수 중에서 $2 \times x$와 x^2을 7로 나눌 때의 나머지가 서로 같다는 조건을 만족시키는 자연수 x는 몇 개입니까?

◆TIP

$2 \times x$를 7로 나눈 나머지는 x가 커짐에 따라 2, 4, 6, 3, 5, 0의 순서대로 7의 개수가 반복됩니다. x^2을 7로 나눈 나머지는 x가 커짐에 따라 1, 4, 2, 2, 4, 1, 0의 순서대로 7개의 숫자가 반복됩니다.

풀이

x	1	2	3	4	5	6	7	8	9	10	11
$2 \times x$를 7로 나눈 나머지	2	4	6	1	3	5	0	2	4	6	1
x^2을 7로 나눈 나머지	1	4	2	2	4	1	0	1	4	2	2

x	12	13	14	15	16	17	18	19	20	21	22
$2 \times x$를 7로 나눈 나머지	3	5	0	2	4	6	1	3	5	0	⋯
x^2을 7로 나눈 나머지	4	1	0	1	4	2	2	4	1	0	⋯

표에서 $2 \times x$를 7로 나눈 나머지는 x가 커짐에 따라 2, 4, 6, 1, 3, 5, 0의 순서대로 3개의 수가 반복됩니다.
x^2을 7로 나눈 나머지는 x가 커짐에 따라 1, 4, 2, 2, 4, 1, 0의 순서대로 7개의 숫자가 반복됩니다.
x가 커짐에 따라 $2 \times x$와 x^2을 7로 나눈 나머지 수가 7개 수를 주기로 한번 반복됩니다.
$2015 \div 7 = 287 \cdots 6$이므로 7개 가운데 2개의 나머지 수가 같습니다. 또 1부터 6까지의 나머지 1개가 같으므로, 나머지가 같게 만드는 x는 모두 $287 \times 2 + 1 = 575$(개)입니다. **달** 575개

나머지의 반복을 나누어떨어지는 유형의 응용 예제로 다시 설명하겠습니다.

예제
8

다음과 같이 첫 번째 수가 0이고, 두 번째 수는 1이고 세 번째 수부터 각 수의 4배가 그 앞의 수와 뒤의 수를 더한 값과 같은 수열이 있습니다. 이 수열 가운데 3으로 나누어떨어지는 수는 5로도 나누어떨어짐를 보이시오.

◆TIP

문제의 수열을 나열해 보고 나머지의 반복을 이용해 보세요.

풀이   문제에서 주어진 수열을 더 써서 나타냅니다.
0, 1, 4, 15, 56, 209, 780, 2911, 10864, ⋯①
3으로 나눈 나머지는 아래와 같습니다.
0, 1, 1, 0, 2, 2, 0, 1, 1, ⋯⋯⋯⋯⋯⋯②
5로 나눈 나머지는 아래와 같습니다.
0, 1, 4, 0, 1, 4, 0, 1, 4, ⋯⋯⋯⋯⋯⋯③
이 두 나머지 수열의 주기는 각각 0, 1, 1, 0, 2, 2와 0, 1, 4입니다. ②와 ③은 0의 앞뒤 수열이 같습니다. ②, ③과 ①이 대응하는 수(**예** 이 2개의 나머지 수열에서 두 번째 0이 대응하는 수는 15입니다.)가 바로 동시에 3과 5로 나누어떨어지는 수입니다. 이것은 이 수열에서 3으로 나누어떨어지는 수는 반드시 5로도 나누어 떨어진다는 것을 나타냅니다.

주의   예제에서 주어진 수열 ①을 보면 사실 세 번째 수부터 각 수는 왼쪽으로 이웃한 첫 번째 수의 4배에서 두 번째 수를 뺀 수와 같습니다. 예를 들면, $4 \times 1 - 0 = 4$, $4 \times 4 - 1 = 15$, $4 \times 15 - 4 = 56$, $4 \times 56 - 15 = 209$, ⋯입니다. 그러므로 첫 번째와 두 번째 수 0과 1만 알면 뒤의 수열 4, 15, ⋯을 알 수 있습니다. 나머지 수열 ②, ③을 구하는 방법은 예제 6과 같습니다. **달** 풀이참조

4 나머지에 따라 분류하는 문제

앞에서 설명한 대로 자연수를 어떤 자연수 m으로 나눈 나머지는 순서대로

$1, 2, \cdots, m-1, 0, 1, 2, \cdots, m-1, 0, 1, 2, \cdots$ 입니다.

즉, '$1, 2, \cdots, m-1, 0$'을 주기로 반복되므로 나머지가 같음에 따라(또는 다름에 따라) 모든 자연수는 나머지의 값에 따라 나눌 수 있습니다.

i번째 종류는 나머지가 i인 수($i = 1, 2, \cdots, m-1, 0$)를 말합니다.

나머지의 분류를 이용하여 개수와 관련된 문제를 풀 수 있습니다.

예제 9

1, 2, 3, $\cdots$, 49, 50의 50개의 수에서 숫자 몇 개를 골라 그 중 어떤 수 2개의 합이 모두 7로 나누어떨어지지 않도록 하려고 합니다. 문제의 조건에 만족하기 위해서는 최대한 몇 개를 고를 수 있습니까?

⭐TIP

이 문제는 나머지에 따른 분류 문제입니다.
1~50의 수 중에서 7로 나누면 1이 남는 수 8개를 A_1조라고 합니다.
1~50의 수 중에서 7로 나누면 i가 남는 수 7개를 A_i조라고 합니다.

풀이

이 문제는 나머지에 따른 분류 문제입니다.

1~50 수 중에서 7로 나누면 1이 남는 수 8개를 A_1조라고 합니다.

1~50 수 중에서 7로 나누면 i가 남는 수 7개를 A_i조라고 합니다. (이때, $i = 2, 3, 4, 5, 6, 0$입니다.)

A_1조의 숫자 1개와 A_6조의 수 1개로 구성된 두 수의 합은 7로 나누어떨어집니다.

A_2조의 수 1개와 A_5조의 수 1개로 구성된 두 수의 합은 7로 나누어떨어집니다.

A_3조의 수 1개와 A_4조의 수 1개로 구성된 두 수의 합은 7로 나누어떨어집니다.

그러나 A_i($i = 1, 2, 3, 4, 5, 6$) 각 조의 2개의 합은 7로 나누어떨어지지 않습니다.

A_i($i = 1, 2, 3, 4, 5, 6$)중에 뽑은 수 1개와 A_0조에서 뽑은 수 1개의 합도 7로 나누어떨어지지 않습니다.

따라서 A_1조의 수 8개(A_6에서 뽑으면 안됩니다.),

A_2조의 수 7개(또는 A_5조의 수 7개를 뽑습니다. 그러나 A_2조와 A_5조에서 동시에 뽑으면 안됩니다.), A_3조에서 수 7개(또는 A_4조에서 7개를 뽑습니다. 그러나 A_3조와 A_4조에서 동시에 뽑으면 안됩니다.)와 A_0조의 수 1개는 모두 $8+7+7+1=23$(개)로 문제의 조건에 맞습니다.

위의 설명에서 23개의 수를 뽑은 후에 다시 다른 수 하나를 뽑으면 어떤 두 수의 합은 모두 7로 나누어떨어질 수 없다는 조건에 어긋날 수 있기 때문에 (즉, 어쨌든 적어도 두 수의 합이 7로 나누어떨어질 수 있습니다.) 문제의 조건에 맞으려면 최대한 23개를 고를 수 있습니다.

目 23개

01 다음 물음에 답하시오.

(1) 3개의 수 692, 608, 1126을 각각 어떤 자연수로 나누었더니 나머지가 모두 같았습니다. 그렇다면 이 자연수가 될 수 있는 수는 얼마입니까? 모두 구하시오.

(2) 73, 216, 227을 어떤 수 A로 나눈 나머지가 모두 같다면 108을 A로 나눈 나머지는 얼마입니까?(단, A는 1보다 큰 자연수입니다.)

02 $1^2 + 2^2 + 3^2 + \cdots + 2015^2 + 2016^2$을 7로 나눈 나머지는 얼마입니까?

03 100개의 7로 이루어진 백 자리 수를 만들고 13으로 나눕니다.

(1) 이때, 나머지는 얼마입니까?

(2) 또, 몫의 각 자리 수의 합은 얼마입니까?

04   1, 2, 4, 7, 11, 16, …의 수열이 있습니다. 이 수열의 규칙은 무엇입니까? 또, 앞에서 100 개까지의 수 가운데 3으로 나누면 1이 남는 수는 몇 개입니까?

05   **다음 물음에 답하시오.**

(1) 어떤 수열이 있는데, 첫 번째 수는 3, 두 번째 수는 10, 세 번째 수부터 각 수는 앞의 두 수의 합입니다. 그렇다면 이 수열의 2015번째 수를 3으로 나눈 나머지는 얼마입니까?

(2) 1, 1, 2, 3, 5, 8, …의 수열이 있습니다. 세 번째 수부터 각 수는 앞의 두수의 합입니다. 이 수열의 2019번째까지의 수 중에서 5의 배수는 몇 개입니까?

01 다음 물음에 답하시오.

(1) 4개의 수 2836, 4582, 5164, 6522를 어떤 자연수로 나누어 생긴 나머지가 서로 같은 두 자리 수일 때, 나누는 수와 나머지의 합은 얼마입니까?

(2) 어떤 자연수로 114를 나눈 나머지가 $2 \times a$이고, 167을 나눈 나머지가 $2 \times (a+1)$이고, 203으로 나눈 나머지는 $2 \times (a+2)$라면, a는 얼마입니까?

02 다음 물음에 답하시오.

(1) 2^{2015}과 2015^2의 합을 7로 나눈 나머지는 얼마입니까?

(2) 2^{2014}와 2014^2의 합을 15로 나눈 나머지는 얼마입니까?

03 9494…94(94가 2000개)를 39로 나눈 후의 몫의 왼쪽으로부터 2000번째 자릿수를 A라 하고, 오른쪽으로부터 705번째 자릿수를 B라고 하면, A × B는 얼마입니까?

04 0, 1, 6, 7, 12, 13, 18, 19, …이 수열에서 134번째 수를 7로 나누면 나머지는 얼마입니까?

05 자연수 1, 2, 3, …, 100에서 몇 개의 수를 뽑아서 어떤 4개의 수의 합이 항상 15로 나누어 떨어지게 하려고 합니다. 이때 뽑을 수 있는 최대한 몇 개입니까?

11 끝수와 완전제곱수

1 끝수

자연수의 끝수란 자연수의 일의 자릿수를 말합니다.

따라서 모든 자연수는 0, 1, 2, ⋯, 9의 10개의 끝수만 가질 수 있습니다.

나머지라는 관점에서 본다면 자연수의 끝수는 바로 이 자연수를 10으로 나눈 나머지입니다.

자연수의 끝수는 아래의 몇 가지 중요한 성질을 가지고 있습니다.

[성질 1] 한 자리 수의 끝수는 그 수 자체입니다.

[성질 2] 자연수의 합의 끝수는 이 자연수들의 끝수의 합의 끝수와 같습니다.

　　⑩ $(127+285+346)$의 끝수$=(7+5+6)$의 끝수$=8$입니다.

[성질 3] 자연수의 곱의 끝수는 이 자연수들의 끝수의 곱의 끝수와 같습니다.

　　⑩ $(23×46×359)$의 끝수$=(3×6×9)$의 끝수$=2$입니다.

특히 한 자연수의 거듭제곱의 끝수는 이 자연수의 끝수의 거듭제곱의 끝수와 같습니다.

　　⑩ 137^3의 끝수$=7^3$의 끝수$=3$입니다.

예제 1

다음 물음에 답하시오.

(1) $(93×95×97+96×98)$의 끝수를 구하시오.

(2) $(487×199-364×197)$의 끝수를 구하시오.

✪ TIP

(1) 끝수의 성질에 따라
$(93×95×97)$의 끝수
$=(3×5×7)$의 끝수$=5$입니다.

(2) 끝수의 성질에 따라
$(487×199)$의 끝수
$=(7×9)$의 끝수$=3$입니다.

풀이　(1) 끝수의 성질에 따라

$(93×95×97)$의 끝수$=(3×5×7)$의 끝수$=5$입니다.

$(96×98)$의 끝수$=(6×8)$의 끝수$=8$입니다.

끝수의 성질에 따라

$(93×95×97+96×98)$의 끝수$=\{(93×95×97)$의 끝수$+(96×98)$의 끝수$\}$의 끝수
$=(5+8)$의 끝수$=3$입니다.

(2) 끝수의 성질에 따라

$(487×199)$의 끝수$=(7×9)$의 끝수$=3$입니다.

$(364×197)$의 끝수$=(4×7)$의 끝수$=8$입니다.

빼어지는 수 $487×199$가 빼는 수 $364×197$보다 크더라도 빼어지는 수의 끝수 3이 빼는 수의 끝수 8보다 작기 때문에 차의 끝수를 구할 때 10을 더해 주어야 합니다. 따라서 $(487×199-364×197)$의 끝수$=(13-8)$의 끝수$=5$입니다.　　답 (1) 3　(2) 5

예제 **2** 다음 물음에 답하시오.

(1) 23^{2015}의 끝수를 구하시오.

⚙ TIP

(1) 23^{2015}의 끝수는 3^{2015}의 끝수와 같습니다.

(2) 다음 식을 계산한 값의 일의 자릿수는 무엇입니까?

$$1^{100}+2^{100}+3^{100}+\cdots+9^{100}+10^{100}$$

⚙ TIP

이번 장의 마지막에 나오는 지식의 창의 내용을 보면, 1^n, 2^n, 3^n, 4^n, 5^n, 6^n, 7^n, 8^n, 9^n은 커짐에 따라 각각 4개의 수가 반복하여 나타납니다.

풀이 (1) $2015 \div 4 = 503 \cdots\cdots 3$이므로 $3^{2015} = 3^{4 \times 503 + 3}$ 입니다. 따라서 23^{2015}의 끝수는 3^{2015}의 끝수$= 3^{4 \times 503 + 3}$의 끝수$= 3^3$의 끝수$= 7$입니다.

(2) 이번 장의 마지막에 나오는 지식의 창의 내용을 보면, 1^n, 2^n, 3^n, 4^n, 5^n, 6^n, 7^n, 8^n, 9^n은 n이 커짐에 따라 각각 아래와 같은 4개의 수가 반복하여 나타납니다.

1^n은 1, 1, 1, 1 2^n은 2, 4, 8, 6 3^n은 3, 9, 7, 1

4^n은 4, 6, 4, 6 5^n은 5, 5, 5, 5 6^n은 6, 6, 6, 6

7^n은 7, 9, 3, 1 8^n은 8, 4, 2, 6 9^n은 9, 1, 9, 1입니다.

$100 = 4 \times 25$이므로 1^{100}, 2^{100}, 3^{100}, 4^{100}, 5^{100}, 6^{100}, 7^{100}, 8^{100}, 9^{100}의 끝수는 순서대로 1, 6, 1, 6, 5, 6, 1, 6, 1입니다.

또 10^{100}의 끝수는 0이므로 원래 식의 일의 자릿수는

$1+6+1+6+5+6+1+6+1+0$의 일의 자릿수인 3입니다.   🗐 **3**

예제 **3** $n \times n$의 십의 자릿수가 7이라면 $n \times n$의 일의 자릿수는 무엇입니까? (단, n은 자연수입니다.)

⚙ TIP

$n \times n$의 십의 자릿수가 n의 끝 두 자리와 관련이 있으므로 n이 두 자리 수 $\overline{ab}$라면 $n = 10 \times a + b$입니다.

풀이 n이 한 자릿수라면 십의 자리가 7인 제곱수는 없으므로, n은 최소한 두 자릿수입니다. $n \times n$의 십의 자릿수가 n의 끝 두 자리와 관련이 있으므로, n이 두 자리 수 $\overline{ab}$라면 $n = 10 \times a + b$입니다. 따라서

$n \times n = (10 \times a + b) \times (10 \times a + b)$

$\quad = (10 \times a + b) \times 10 \times a + (10 \times a + b) \times b$ (곱셈의 분배법칙)

$\quad = 100 \times a^2 + 10 \times a \times b + 10 \times a \times b + b^2$ (곱셈의 분배법칙)

$\quad = 100 \times a^2 + 20 \times a \times b + b^2$

$100 \times a^2$은 십 자릿수와 일의 자릿수에 영향을 미치지 않으며 $20 \times a \times b$의 십의 자릿수는 짝수입니다. 그러므로 b^2의 십의 자릿수는 반드시 홀수여야 $n \times n$의 십의 자릿수가 7이 될 수 있습니다.

b^2의 십의 자릿수가 홀수이면 $b = 4$ 또는 6입니다.

$b = 4$일 때, $n \times n$의 일의 자릿수는 $(100 \times a^2 + 80 \times a + 16)$의 일의 자릿수로 6입니다.

$b = 6$일 때, $n \times n$의 일의 자릿수는 $(100 \times a^2 + 120 \times a + 36)$의 일의 자릿수로 6입니다.

따라서 $n \times n$의 일의 자릿수는 6입니다.   🗐 풀이참조

예제 4

주희와 성우가 곱셈을 하다가 주희가 곱해지는 수의 일의 자릿수를 잘못 보았고, 성우는 곱해지는 수의 십의 자릿수를 잘못 보아서, 주희의 답은 255가 나왔고, 성우의 답은 365가 나왔습니다. 그렇다면 바르게 계산한 값은 얼마입니까?

✪ TIP

주희는 곱해지는 수의 일의 자리를 잘못 보아서 곱의 일의 자리가 5가 되었습니다. 성우는 곱해지는 수의 일의 자리를 정확히 보았고 그 곱의 일의 자릿수는 역시 5입니다. 이것은 곱하는 수의 끝수(일의 자릿수)가 5라는 것을 나타냅니다.

풀이

주희는 곱해지는 수의 일의 자리를 잘못 보아서 곱의 일의 자리가 5가 되었습니다.

성우는 곱해지는 수의 일의 자리를 정확히 보았고 그 곱의 일의 자릿수는 역시 5입니다.

이것은 곱하는 수의 끝수(일의 자릿수)가 5라는 것을 나타냅니다.

또 $255 = 5 \times 51$, $365 = 5 \times 73$이므로 곱하는 수는 5입니다.

$255 \div 5 = 51$, $365 \div 5 = 73$이므로 문제의 조건을 보면 곱해지는 수는 53입니다.

따라서 원래 곱셈 식의 정확한 답은 $53 \times 5 = 265$입니다.

답 265

2 끝의 몇 자리 수

비교적 큰 자연수의 끝의 두 자리 수는 그 수의 십의 자릿수와 일의 자릿수로 이루어진 두 자리 수입니다. 끝의 세 자리 수는 그 수의 백의 자릿수, 십의 자릿수와 일의 자릿수로 이루어진 세 자리 수입니다.

나머지의 관점에서 설명한다면 한 자연수의 끝 두 자리 수는 자연수를 100으로 나눈 나머지 수입니다. 끝 세 자리 수는 이 자연수를 1000으로 나눈 나머지 수입니다.

끝의 몇 자리 수도 역시 끝수와 같은 성질을 지니고 있습니다.

예제 5

$76^{2015} + 25^{2015}$의 끝 두 자리 수는 얼마입니까?

⚙ TIP

76^n의 끝 두자리 수는 모두 76입니다.

풀이

76^n의 끝수는 모두 76입니다.

$n=1$일 때, $76^1=76$이므로 끝 두 자리 수는 76입니다.

$n=2$일 때, $76^2=76×76=5776$이므로 끝 두 자리 수는 76입니다.

$n=3$일 때, $76^3=76^2×76$이므로 나머지의 성질에 따라, 76^3을 100으로 나눈 나머지(즉, 76^3의 끝 두 자리 수)$=76^2$을 100으로 나눈 나머지 76을 100으로 나눈 나머지$=(76×76)$을 100으로 나눈 나머지$=76$.

$n=4$일 때, $76^4=76^3×76$, 위와 같이 구합니다.

76^4을 100으로 나는 나머지(즉 76^4의 끝 두 자리 수)

$=76^3$을 100으로 나눈 나머지$×76$을 100으로 나눈 나머지

$=(76×76)$을 100으로 나눈 나머지$=76$

차례대로 반복되면 76^n은 모든 자연수 n에 대해서라도 그 끝 두 자리 수는 모두 76입니다.

마찬가지로 25^n은 모든 자연수 n에 대해서라도 그 끝 두 자리 수는 모두 25입니다.

따라서 $(76^{2015}+25^{2015})$의 끝 두 자리 수$=(76+25)$의 끝 두 자리 수$=101$의 끝 두 자리 수$=01$입니다.

📋 01 또는 1

예제 6

$1×2×3×\cdots×n$(간단히 $n!$으로 표시합니다.)의 끝부분이 연속한 106개의 0일 때, 자연수 n의 최댓값은 얼마입니까?

⚙ TIP

$n!$의 곱의 끝의 연속한 0의 개수는 $n!$이 갖고 있는 10의 개수에서 결정됩니다. $10=2×5$이고, $n!$이 갖고 있는 2는 5보다 많습니다. 그러므로 $n!$의 끝의 연속한 0의 개수는 바로 $n!$이 갖고 있는 5의 개수입니다.

풀이

$n!$의 곱의 끝의 연속한 0의 개수는 $n!$이 갖고 있는 10의 개수에서 결정됩니다. $10=2×5$이고, $n!$이 갖고 있는 2는 5보다 많습니다. 그러므로 $n!$의 끝의 연속한 0의 개수는 바로 $n!$이 갖고 있는 5의 개수입니다.

5를 106개 갖고 있다면 대략 $n=400$일 때, $400!$이 갖고 있는 5의 개수는 다음과 같습니다.

$$\left[\frac{400}{5}\right]+\left[\frac{400}{5^2}\right]+\left[\frac{400}{5^3}\right]=80+16+3=99(개)$$

여기서 $\left[\dfrac{400}{5}\right]$은 400을 5로 나누었을 때 몫입니다.

5를 1개 포함합니다. 또 405, 410, 415, 420, 430이 5를 1개 포함합니다. 425는 5를 2개 포함합니다.

따라서 401~434는 5를 7개 포함합니다. 즉, n의 최댓값은 434입니다.

(434!에서 5를 포함한 개수는

$$\left[\frac{434}{5}\right]+\frac{545}{5^2}+\left[\frac{434}{5^3}\right]=86+17+3=106(개)$$ 입니다.

즉, $n=434$일 때, $434!$의 끝에는 연속한 106개의 0입니다.

📋 434

3 완전제곱수

자연수 a에 대하여 만약 자연수 n이 $a=n^2$이라면 a를 완전제곱수라고 합니다.

(예) $144=12^2$이므로 144는 완전제곱수입니다.

예제 7

0, 1은 완전제곱수의 일의 자릿수가 될 수 있지만 2는 아닙니다. 완전제곱수의 일의 자릿수가 될 수 있는 수는 모두 몇 개입니까?

● TIP

어떤 자연수의 제곱의 일의 자릿수는 모두 그 자연수의 일의 자릿수의 제곱의 일의 자릿수와 같으므로 일의 자릿수의 제곱의 일의 자릿수만 구하면 됩니다.

풀이 어떤 자연수의 완전제곱의 일의 자릿수는 모두 그 자연수의 일의 자릿수의 완전제곱의 일의 자릿수와 같으므로 일의 자릿수의 완전 제곱의 일의 자릿수만 구하면 됩니다.

$0^2=0$, $1^2=1$, $2^2=4$, $3^2=9$, $4^2=16$, $5^2=25$, $6^2=36$, $7^2=49$, $8^2=64$, $9^2=81$

따라서 완전제곱수의 일의 자릿수는 0, 1, 4, 5, 6, 9만 가능합니다.

즉, 완전제곱수의 일의 자릿수가 될 수 있는 수는 모두 6개입니다.

답 6개

예제 8

어떤 자연수와 30의 합은 완전제곱수입니다. 이 수와 59의 합도 완전제곱수라면, 이 자연수는 무엇입니까?

● TIP

이 자연수를 x라고 한다면
$x+30=a^2$, $x+59=b^2$
여기에서 a와 b는 두 자연수이고, $b>a$입니다.

풀이 이 자연수를 x라고 한다면 $x+30=a^2$, $x+59=b^2$입니다.

여기에서 a와 b는 두 자연수이고, $b>a$입니다.

위의 두 식에 따라 $a^2-30=b^2-59=x$입니다.

즉, $b^2-a^2=59-30$, $b^2-a^2=29$

29가 소수이므로 $b^2-a^2=(b-a)\times(b+a)$

그러므로 $(b-a)\times(b+a)=1\times29$

즉, $b-a=1$, $b+a=29$

'합차공식'을 이용하면,

$b=(1+29)\div2=15$, $a=(29-1)\div2=14$입니다.

따라서 자연수

$x=a^2-30=14^2-30=196-30=166$

또는 $x=b^2-59=15^2-59=225-59=166$입니다.

주의 $b^2-a^2=(b-a)\times(b+a)$는 유명한 합과 차의 곱셈 공식입니다. 곱셈 분배의 법칙으로 증명할 수 있습니다.

$(b-a)\times(b+a)=(b-a)\times b+(b-a)\times a$
$=b^2-a\times b+a\times b-a^2=b^2-a^2$

답 166

연습문제 11* [유형A]

01 **다음 물음에 답하시오.**

    (1) $(21 \times 27 \times 38 \times 49 \pm 12 \times 13 \times 16)$의 끝수를 각각 구하시오. (단, $\pm$는 $+$와 $-$를 합쳐서 나타낸 것입니다.)

    (2) 2017^{630}과 $(2019^{2019} \times 2012^{2012})$의 끝수를 구하시오.

    (3) 다음 식을 계산한 값의 끝 세 자리 수는 얼마입니까?

$$3 + 33 + 333 + 3333 + \cdots + 333 \cdots 33(3\text{이 } 20\text{개})$$

02 $2 \times 4 \times 6 \times 8 \times 12 \times 14 \times 16 \times 18 \times 22 \times \cdots\cdots \times 2008 \times 2012 \times 2014$의 끝수를 구하시오.

03 수열 3, 6, 9, 12, 15, 18, $\cdots$, 300, 303은 등차수열입니다.

    (1) 이 등차수열의 모든 수의 합은 얼마입니까?

    (2) 이 등차수열의 모든 수를 곱하여 얻은 값의 끝에는 연속한 몇 개의 0이 있습니까?

04 어떤 학교의 2013년도 학생수는 완전제곱수입니다. 2014년도 학생수는 전년도보다 101명이 많고 완전제곱수라면, 이 학교의 2014년도 학생수는 몇 명입니까?

05 $1 + 2 + 3 + \cdots + n$의 합의 일의 자릿수가 3이고, 십의 자릿수가 0이며, 백의 자릿수가 0이 아닐 때, n의 최솟값을 구하시오.

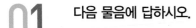

01 다음 물음에 답하시오.

(1) $n!$은 $1 \times 2 \times 3 \times \cdots \times (n-1) \times n$입니다. 예를 들어 $5! = 1 \times 2 \times 3 \times 4 \times 5$입니다. 이때, $1!, 2!, 3!, \cdots, 2015!$의 일의 자릿수를 각각 구하시오. (단, n은 자연수입니다.)

(2) 아래의 $\square$칸 안에 알맞은 숫자를 넣어서 등식을 성립시키시오.

$$\boxed{}3 \times 6528 = 8256 \times 3\boxed{}$$

(3) 어떤 두 자리 수의 완전제곱의 끝자리에는 최대 몇 개의 4가 있습니까?

02 3^{25}개의 사탕을 포장상자에 담았습니다. 각 상자에 10개씩 담는다면 마지막에 몇 개가 남습니까?

03 $a \times a \times a$의 일의 자릿수와 a의 일의 자릿수는 같습니다. (예 $4 \times 4 \times 4 = 64$와 4의 일의 자릿수는 같습니다.) 이러한 조건을 만족시키는 자연수 a는 많습니다. a값이 될 수 있는 수들을 작은 수에서 큰 수로 배열한다면 41번째 수는 무엇입니까?
(단, a는 자연수입니다.)

04 할아버지, 아버지, 손자가 있습니다. 손자와 할아버지 나이의 곱은 1512이고, 할아버지, 아버지, 손자의 나이의 곱은 완전제곱수입니다. 그렇다면 아버지의 나이는 몇 살입니까?

05 어떤 자연수에 17을 곱하면 곱의 끝 네 자릿수는 2003입니다. 이러한 자연수 가운데 가장 작은 수는 얼마입니까?

n차 식의 끝수 표

n이 커짐에 따라 $1n$, $2n$, $\cdots$, $9n$의 끝수는 아래의 표와 같습니다.

제곱차수 n	1	2	3	4	5	6	7	8	9	$\cdots$
1^n의 끝수	1	1	1	1	1	1	1	1	1	$\cdots$
2^n의 끝수	2	4	8	6	2	4	8	6	2	$\cdots$
3^n의 끝수	3	9	7	1	3	9	7	1	3	$\cdots$
4^n의 끝수	4	6	4	6	4	6	4	6	4	$\cdots$
5^n의 끝수	5	5	5	5	5	5	5	5	5	$\cdots$
6^n의 끝수	6	6	6	6	6	6	6	6	6	$\cdots$
7^n의 끝수	7	9	3	1	7	9	3	1	7	$\cdots$
8^n의 끝수	8	4	2	6	8	4	2	6	8	$\cdots$
9^n의 끝수	9	1	9	1	9	1	9	1	9	$\cdots$

이 표는 이 수들의 끝수가 반복된다는 것을 나타냅니다.

1^n은 1이 반복됩니다.　　　　　　2^n은 2, 4, 8, 6이 반복됩니다.

3^n은 3, 9, 7, 1이 반복됩니다.　　　4^n은 4, 6이 반복됩니다.

5^n은 5가 반복됩니다.　　　　　　6^n은 6이 반복됩니다.

7^n은 7, 9, 3, 1이 반복됩니다.　　　8^n은 8, 4, 2, 6이 반복됩니다.

9^n은 9, 1이 반복됩니다.

반복되는 숫자의 개수를 통일하여 4개의 수로 만들면 (예 4^n은 4, 6, 4, 6이 반복됩니다.)
다음과 같이 자주 사용하는 결론을 내릴 수 있습니다.

a^{4n+1}과 a의 끝수는 같습니다.

a^{4n+2}와 a^2의 끝수는 같습니다.

a^{4n+3}과 a^3의 끝수는 같습니다.

a^{4n+4}와 a^4의 끝수는 같습니다.

여기에서 $a=1$, 2, 3, $\cdots$, 9이고, $n=1$, 2, 3, $\cdots$입니다.

12 홀수·짝수의 분석과 응용

1 홀수와 짝수의 성질

2로 나누어떨어지는 자연수를 짝수라고 합니다.

　예 0, 2, 4, …와 같은 수들입니다.

또, 2로 나누어떨어지지 않는 자연수를 홀수라고 합니다.

　예 1, 3, 5, …같은 수들입니다.

자연수는 반드시 홀수이거나 짝수 둘 중 하나입니다.

이것은 자연수가 가진 성질로서 이 성질은 자연수의 홀짝성(기우성)이라고 합니다.

자연수의 덧셈, 뺄셈, 곱셈 계산의 값의 홀짝성을 살펴보면(값의 크기에 상관없이) 다음과 같은 성질을 알 수 있습니다.

[성질 1] 홀수＋홀수, 짝수＋짝수이 합(또는 차)은 반느시 짝수입니다.

　예 153±91, 152±90은 모두 짝수입니다.
　　 (홀)　(홀)　(짝)　(짝)

[성질 2] 홀수＋짝수, 짝수＋홀수의 합(또는 차)은 반드시 홀수입니다.

　예 153±90, 152±91은 모두 짝수입니다.
　　 (홀)　(짝)　(짝)　(홀)

[성질 3] 짝수와 어떤 숫자(홀짝에 관계없이)의 곱의 값은 반드시 짝수입니다.

　예 84×23, 84×24는 모두 짝수입니다.
　　 (짝)　(홀)　(짝)　(짝)

[성질 4] 홀수와 홀수의 곱의 값은 홀수입니다.

　예 27×29는 홀수입니다.
　　 (홀)　(홀)

위에서 설명한 몇 개의 결론은 여러개의 경우로 확대할 수 있습니다. 즉

① 홀수개의 홀수의 합이나 차(덧셈, 뺄셈은 섞어서 계산해도 됩니다.)는 반드시 홀수입니다.
② 짝수개의 홀수의 합이나 차(덧셈, 뺄셈은 섞어서 계산해도 됩니다.)는 반드시 짝수입니다.
③ 여러 개의 짝수들의 합이나 차(덧셈, 뺄셈은 섞어서 계산해도 됩니다.)는 반드시 짝수입니다.
④ 여러 개의 홀수들의 곱은 반드시 홀수입니다. 반대로 홀수의 약수는 모두 홀수입니다.
⑤ 어떤 수와 짝수의 곱한 값은 반드시 짝수입니다. 수의 개수와 다른 수의 홀짝성과 관계없습니다.

홀수짝수의 이러한 성질로 아래의 일반적인 결론을 쉽게 도출할 수 있습니다.

[결론 1] [자연수 $a \pm$ 짝수]를 계산한 값의 홀짝성은 a와 같습니다. 즉 합과 차를 구할 때 짝수는 원래의 수 a의 홀짝성을 바꾸지 않습니다.

[결론 2] 어떤 자연수 a, b에 대해 $(a+b)$와 $(a-b)$의 홀짝성은 같습니다.

예제 1

$1+2+3+\cdots+2013$의 결과를 계산하지 않고 그 합이 홀수인지 짝수인지 증명하시오.

⚙TIP
홀수가 몇개인지 확인해 보세요.

풀이 $1+2+3+\cdots+2013=(1+3+\cdots+2013)+(2+4+\cdots+2012)$이므로
$1+3+5+\cdots+2013$은 $(2012 \div 2+1=)1007$개(홀수개)의 홀수의 합으로, 반드시 홀수입니다.
$2+4+\cdots+2006$은 짝수입니다. 따라서 성질2에 따라 $1+2+3+\cdots+2013$의 합은 홀수입니다. **답 홀수**

예제 2

1부터 100까지 모든 3의 배수의 합은 홀수입니까, 짝수입니까?

⚙TIP
연속된 6개의 자연수마다 1개씩 3의 배수인 홀수가 있습니다.

풀이 1부터 100까지의 3의 배수는 다음과 같습니다.
3, 6, 9, 12, 15, $\cdots$, 90, 91, 96, 99
그 중 홀수는 3, 9, 15, $\cdots$, 93, 99이고 이 홀수들의 개수는 $(99-3) \div 6+1=17$(개)입니다. 연속된 6개의 자연수마다 1개씩 3의 배수인 홀수가 있습니다.
그러므로 이 수들의 합은 홀수입니다. 따라서 결론1에 따라 1부터 100까지의 3의 배수의 합은 홀수입니다. **답 홀수**

예제 3

아래 식의 □안에 $+$나 $-$ 부호를 넣어서 등식을 성립시킬 수 있습니까? 그렇다면, 이유를 설명하시오.

⚙TIP
등호의 좌변에 3개의 홀수가 있고 따라서 □에 $+$나 $-$부호를 넣더라도 등호 좌변의 홀짝성은 변하지 않습니다.

$$1 \;\square\; 2 \;\square\; 3 \;\square\; 4 \;\square\; 5 \;\square\; 6 = 12$$

풀이 등호의 좌변에 3개의 홀수가 있고 따라서 □에 $+$나 $-$부호를 넣더라도 등호 좌변의 홀짝성은 변하지 않습니다. 분명히 홀수이므로 등호의 우변의 짝수와 같을 수 없습니다. 따라서 식의 □에 알맞은 $+$나 $-$부호를 넣어도 등식이 성립하지 않습니다. **답 풀이참조**

예제 4

현중이가 설계한 계산기에는 기능버튼이 1개뿐입니다. 한 번 누르면 19를 빼고, 한번 더 누르면 17을 더하며, 한 번 더 누르면 또 19를 빼고, 한 번 더 누르면 또 17을 더합니다. 현중이가 지금 2015를 입력하고 기능버튼을 연속해서 적어도 최소한 몇 번을 누르면 계산기의 숫자가 0이 됩니까?

⭐TIP

원래의 수가 2015(홀수)이고 한 번 누르면 홀수 19를 빼서 2015−19=1996인 짝수를 얻을 수 있습니다. 한 번 더 누르면 홀수 17을 더해서 1996+17=2013인 홀수를 얻을 수 있습니다.

> **풀이** 현재의 수가 2015(홀수)이고 한번 누르면 홀수 19를 빼서 2015−19=1996인 짝수를 얻을 수 있습니다. 한 번 더 누르면 홀수 17을 더해서 1996+17=2013인 홀수를 얻을 수 있습니다. 따라서 홀수 번을 누르면 짝수가 되고, 짝수 번을 누르면 홀수가 됩니다. 그러므로 계산기의 숫자가 0(짝수)이 되려면 홀수 번을 눌러야 합니다.
> 한 번 누르면 2015−19=1996이고, 두 번 누를 때마다 2씩 줄어듭니다. 따라서 숫자가 0이 되려면 모두 1+1996=1997(번) 눌러야 합니다. 　📋 **1997번**

---

2 홀짝성 분석

수의 홀짝성이나 그 홀짝성과 관련된 변화규칙을 사용하여 문제를 분석하고 풀이하는 방법을 **홀짝성분석법**이라 하고 간단히 줄여 **홀짝성분석**이라고 합니다.
아래에서 몇 가지 간단한 예제를 들어 봅시다.

예제 5

갑, 을, 병 세 학생이 산 책의 권수는 모두 두 자리 수입니다. 그 중 갑이 가장 많이 샀고, 병이 가장 적게 샀습니다. 또 이 책들의 총 합은 짝수이고, 곱은 3960입니다. 그렇다면, 을은 최대한 몇 권 샀습니까?

⭐TIP

갑, 을, 병이 각각 x권, y권, z권을 샀다고 한다면, $x+y+z$는 짝수입니다. 따라서, x, y, z는 모두 짝수이거나 홀수 2개와 짝수 1개입니다.

> **풀이** 갑, 을, 병이 각각 x권, y권, z권을 샀다고 한다면, $x+y+z$는 짝수입니다.
> 따라서 x, y, z는 모두 짝수이거나 홀수 2개와 짝수 1개입니다. 또
> $x+y+z=3960=2^3 \times 3^2 \times 5 \times 11$입니다.
> 만약 x, y, z가 모두 짝수라면, 갑이 가장 많고 병이 가장 적으므로
> $x=2 \times 11=22$, $y=2 \times 3^2=18$, $z=2 \times 5=10$이고,
> 만약 x, y, z가 홀수 2개와 짝수 1개라면
> $x=2^3 \times 3=2$, $y=3 \times 5=15$, $z=11$입니다.
> 따라서 을은 최대한 18권을 샀습니다. 　📋 **18권**

예제 6

어떤 자연수에 168을 더하면 어떤 수의 제곱수가 됩니다. 또, 처음 자연수에 100을 더하면 또 다른 어떤 수의 제곱수가 됩니다. 이때, 이 자연수는 얼마입니까?

🔆 **TIP**

이 자연수를 x라고 하면 문제의 조건에서
$x+168=a^2$(a는 자연수) ······ ①
$x+100=b^2$(b는 자연수) ······ ②
①−②하면 $a^2-b^2=68$

풀이 이 자연수를 x라고 하면 문제의 조건에서

$x+168=a^2$(a는 자연수) ················· ①

$x+100=b^2$(b는 자연수) ················· ②

①−②하면 $a^2-b^2=68$입니다.

즉, $(a+b)\times(a-b)=68$입니다.

$(a+b)$와 $(a-b)$의 홀짝성이 같으므로 $68=68\times1$이 될 수 없으므로, $68=34\times2$(68의 두 짝수의 곱 분해식은 이 한 종류밖에 없습니다.)입니다.

그러므로 $a+b=34$, $a-b=2$입니다.

'합차공식'에 따르면

$a=(34+2)\div2=18$, $b=(34-2)\div2=16$

따라서 이 수는 $16^2-100=156$(또는 $18^2-168=156$)입니다.   🔲 156

예제 7

5개의 연속한 자연수가 있습니다. 이 수들의 합은 모두 2개의 5보다 큰 연속한 홀수의 곱으로 표시할 수 있습니다. 그렇다면 이 5개의 연속한 자연수 가운데 가장 작은 수는 얼마입니까?

🔆 **TIP**

5개의 연속한 자연수를 $a-2$, $a-1$, a, $a+1$, $a+2$로 나타낼 수 있습니다.
5개의 연속한 자연수의 합은 $5\times a$이므로 5의 배수이고, 2개의 5보다 큰 연속한 홀수의 곱으로 나타낼 수 있다면 a는 반드시 홀수입니다.

풀이 5개의 연속한 자연수를 $a-2$, $a-1$, a, $a+1$, $a+2$로 나타낼 수 있습니다.

5개의 연속한 자연수의 합은 $5\times a$이므로 5의 배수이고, 2개의 5보다 큰 연속한 홀수의 곱으로 나타낼 수 있다면 a는 반드시 홀수입니다. 따라서

$5\times a=(2\times n-1)\times(2\times n+1)$($n\geq4$인 자연수입니다.)라고 할 수 있습니다.

이 식을 만족시키고(즉, 좌변은 5의 배수이므로), $(2\times n-1)$과 $(2\times n+1)$이 모두 5보다 큰 홀수의 가장 작은 경우는 $(2\times n+1)=15$, 즉 $n=7$이고, 따라서 $5\times a=13\times15$이고 $a=13\times15\div5=39$입니다.

그러므로 5개의 연속한 자연수 가운데 가장 작은 수는 최소한 $39-2=37$입니다.   🔲 37

예제 **8**

학생 2015명이 수학경시대회에 참가하였습니다. 모두 15문제인데, 답이 맞으면 7점을 주고, 답을 안 쓰면 1점을 주고, 답이 틀리면 1점 감점됩니다. 이때, 참가한 모든 참가 학생들이 받은 점수의 총합이 짝수인지 홀수인지를 설명하시오.

TIP

만점을 받으면 $15 \times 7 = 105$점(홀수)입니다. 어떤 문제에 답을 안쓰면 맞았을 때보다 $7 - 1 = 6$(짝수)점을 못 받고, 답이 틀리면 맞았을 때보다 $7 + 1 = 8$(짝수)점을 못 받습니다.

풀이

만점을 받으면 $15 \times 7 = 105$점(홀수)입니다. 어떤 문제에 답을 안 쓰면 맞았을 때보다 $7 - 1 = 6$점(짝수)을 못 받습니다. 또, 답이 틀리면 맞을 때보다 $7 + 1 = 8$점(짝수)을 못 받습니다. 즉, 105점 가운데 6점과 8점을 몇 번 깎인다면 각 학생이 받은 점수는 반드시 홀수입니다. 2015명의 홀수 점수를 모두 더하면 여전히 홀수입니다. 따라서 2015명의 총합은 반드시 홀수입니다. **답** 홀수

예제 **9**

다음 식에서 짝은 0, 2, 4, 6, 8 중의 짝수 1개를 나타내고 홀은 1, 3, 5, 7, 9 중의 홀수 1개를 나타냅니다. 다른 자리의 홀과 짝은 같을 수도 있고 다를 수도 있습니다. 다음 식을 채우시오.

TIP

홀, 짝 표시된 부분을 알파벳으로 사용하여 나타내고 수를 대입하여 계산해 보세요.

```
            홀  짝  짝
      ×         짝  짝
    ─────────────────
        짝  홀  짝  짝
        짝  홀  짝
    ─────────────────
        홀  홀  짝  짝
```

풀이

알아보기 쉽도록 아래 왼쪽 식처럼 알파벳을 사용하여 숫자를 나타냅니다.

만약 A$=1$이라면 곱해지는 수 $\overline{ABC}$와 E의 곱은 최대 $188 \times 8 = 1504$입니다. 이때, 천의 자릿수는 1입니다. 이것은 F가 짝수인 것과 일치하지 않으므로 A$\neq1$, A는 최소한 3입니다.

$\overline{ABC} \times D = $짝홀짝이므로 A$\times$D는 8을 넘지 않습니다. D는 짝수이고 가장 작은 수인 2입니다. 따라서 홀수 A는 3이어야 하고 짝수 D는 2입니다.

$\overline{3짝짝} \times 2 = \overline{짝홀짝}$이므로 곱해지는 수가 306, 308, 326, 328, 346, 348이라는 것을 쉽게 구할 수 있습니다. 위에서 구한 수와 짝수인 E를 곱하여 $\overline{짝홀짝짝}$인지 살펴봅시다. 계산결과 346과 348만 8을 곱했을 때 $\overline{짝홀짝짝}$이 됩니다. 그러나 $346 \times 28 = 9688$이므로 곱한 값이 조건인 $\overline{짝홀짝짝}$에 맞지 않습니다. 따라서 세로식을 아래 오른쪽의 세로식처럼 채우면 됩니다.

```
      A  B  C              3  4  8
   ×     D  E           ×     2  8
  ────────────────    ────────────────
      F  홀 짝 짝          2  7  8  4
      짝 홀 짝             6  9  6
  ────────────────    ────────────────
      홀 홀 짝 짝          9  7  4  4
```

답 풀이참조

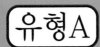

01 다음 물음에 답하시오.

(1) 두 소수의 합이 75일 때, 이 두 소수의 곱은 얼마입니까?

(2) 1에서 1000까지의 수의 합을 구할 때 짝수의 합은 홀수의 합보다 얼마가 더 큽니까?

(3) $21+22+23+24+\cdots+89$는 짝수입니까, 홀수입니까? 또, 식에서 몇 개의 $+$를 $-$로 바꾸면 그 값은 짝수입니까? 홀수입니까?

(4) $(300+301+302+\cdots+383)-(131+132+133+\cdots+164)$는 짝수입니까, 홀수입니까?

(5) $(1^2+2^2)+(2^2+3^2)+(3^2+4^2)+\cdots+(2015^2+2016^2)$는 짝수입니까, 홀수입니까?

02 어떤 홀수에 이웃한 홀수 2개를 각각 곱한 값의 차가 84였습니다. 이때, 어떤 이 홀수는 무엇입니까? (예) 어떤 홀수를 x라고 하면, 이웃한 홀수는 각각 $x+2$, $x-2$입니다.)

03 차가 56인 2개의 두 자리 수가 있습니다. 두 수의 제곱의 끝 두 자리 수가 같다면, 2개의 두 자리 수는 각각 무엇입니까?

04 현아가 길이가 다른 두 종류의 끈을 10개 이상 20개 미만을 샀습니다. 길이는 모두 93m 이고, 긴 끈 한개가 14m, 짧은 끈 1개가 5m라면, 긴 끈은 모두 몇 개 샀습니까?

05 자연수 a와 b에 대해 $c=a+b+a\times b$라면 c는 '좋은 수' 입니다.
예를 들어 $3=1+1+1\times1$이면, 3은 '좋은 수' 입니다.
1, 2, $\cdots$, 46 중에서 '좋은 수' 는 모두 몇 개입니까?

01 다음 물음에 답하시오.

⑴ 200 이하의 자연수 중에서 동시에 3과 5로 나누어 떨어지는 가장 큰 홀수는 무엇입니까? 또, 가장 큰 짝수는 무엇입니까?

⑵ 4개의 이웃한 짝수의 곱이 다섯 $\overline{\text{A838A}}$(2개의 A는 일의 자릿수와 만의 자릿수가 같다는 것을 나타냅니다.)일 때, 이 4개의 짝수는 각각 무엇입니까?

⑶ 카드 9장이 있습니다. 그 중 3장에는 1이 써있고, 3장에는 3이 써있고, 3장에는 7이 써있습니다. 이 중 5장을 꺼내서 숫자들의 합이 20이 될 수 있습니까? 이유를 설명하시오.

02 다음 물음에 답하시오.

⑴ 칠판에 수 1, 3, 5가 씌여져 있습니다. 이 중 어떤 하나의 수를 지우고 남은 두 수의 합 또는 차를 적습니다. 이런 과정을 여러번 거치면 마지막에 36, 92, 129가 남을 수 있습니까?

⑵ +, −, ÷의 연산부호 중에서 알맞은 부호를 계산식 9□9□7□1의 빈칸에 넣어서 계산한 값이 6, 7, 8, 9, 10이 되게 하려고 할 때, 이러한 5개의 계산식 가운데 가장 많이 사용한 +부호와 −부호의 개수의 합은 몇 개입니까?

03 2개의 서로 다른 자연수가 있습니다. 두 자연수의 곱이 두 수의 합으로 나누어떨어지면 '좋은 수'라고 합니다. 예를 들어 70과 30이 '좋은 수'입니다. 그렇다면 1, 2, 3, …, 16의 자연수 중에서 '좋은 수'는 몇 쌍입니까?

04 수학여름캠프에 $\overline{ABC}$명의 학생이 참가하였습니다. A, B, C는 숫자 1, 4, 5중 하나입니다.(서로 다른 알파벳은 서로 다른 수를 나타냅니다.)남학생의 수가 여학생의 수보다 16명이 많고, 여름 캠프에서 본 수학시험에 합격한 학생 수는 불합격한 학생의 6배보다 3명이 많습니다. 이때, 여름캠프에 참가한 남학생은 몇 명입니까?

05 각 자릿수가 모두 홀수인 2개의 두 자릿수가 있습니다. 두 수의 곱이 200보다 작고, 각 자리수가 모두 홀수일때, 두 수의 곱은 얼마입니까?

13 분수의 개념과 기본성질

1 분수의 개념

단위 '1'을 몇 부분으로 똑같이 나누어 표시한 수를 분수라고 합니다.

분수는 진분수와 가분수(가분수는 대분수와 자연수를 포함합니다.)의 두 종류로 구분합니다.

분자가 분모보다 작은 분수를 진분수라고 하고, 분자가 분모보다 크거나 같은 분수를 가분수라고 합니다.

예제 1

a, b가 자연수이고, $\dfrac{b}{a}$가 진분수일 때, a ◯ b 안에 알맞은 부등호를 넣으시오. 또, $\dfrac{b}{a}$는 가분수일 때, a ◯ b 안에 알맞은 부등호를 넣으시오. 또, $\dfrac{b}{a}$가 자연수일 때, a와 b는 어떤 관계입니까?

> ✪ TIP
> 진분수, 가분수의 뜻을 생각해 보세요.

> **풀이** $a>b$일 때, $\dfrac{b}{a}$는 진분수입니다. $a \le b$일 때, $\dfrac{b}{a}$는 가분수입니다. b가 a의 배수일 때, $\dfrac{b}{a}$는 자연수입니다.
>
> **답** $>$, $\le$, b가 a의 배수

예제 2

다음 물음에 답하시오. (단, 단위 분수는 분자가 1인 분수입니다.)

> ✪ TIP
> 단위분수의 뜻을 생각해 보세요.

(1) $\dfrac{5}{8}$의 단위 분수는 무엇입니까?

(2) $\dfrac{7}{5}$의 단위 분수는 무엇입니까? 또, $\dfrac{7}{5}$에 단위 분수 몇개를 더하면 가장 작은 소수인 2가 됩니까?

(3) 4에는 몇 개의 $\dfrac{1}{3}$이 있고, $\dfrac{13}{5}$에는 몇 개의 $\dfrac{1}{5}$이 있습니까?

> **풀이** (1) $\dfrac{1}{8}$ (2) $\dfrac{1}{5}$, 3개 (3) 12개, 13개
>
> **답** 풀이참조

다음 그림에서 색칠한 부분의 넓이는 전체 넓이의 몇 분의 몇입니까?

(1)

(2)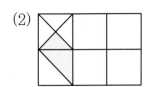

☼ TIP

도형(1)은 $4 \times 4 = 16$개의 정삼각형으로 나눌 수 있습니다.
도형(2)는 $6 \times 4 = 24$ 부분으로 나눌 수 있습니다.
도형(3)은 사다리꼴 넓이공식으로 식을 만들 수 있습니다.

(3)

```
        A
   ┌─────╱
 4 │  7 ╱
   │   ╱ O  E
 C ├──B──┤
 2 │     ╱
   └─────╱ D
      10
```

풀이

(1) $4 \times 4 = 16$의 똑같은 정삼각형으로 나눌 수 있습니다. 색칠한 부분은 3부분이므로 색칠한 부분의 넓이는 전체 넓이의 $\dfrac{3}{16}$ 입니다.

(2) $6 \times 4 = 24$부분으로 나눌 수 있습니다. 색칠된 부분은 3부분이므로 색칠한 부분의 넓이는 전체도형 넓이의 $\dfrac{3}{24}$ (또는 $\dfrac{1}{8}$)입니다.

(3) 사다리꼴 넓이공식으로 식을 만들 수 있습니다.

$4 \times (7 + \overline{CO}) \div 2 + 2 \times (\overline{CO} + 10) \div 2$

$= (4 + 2) \times (7 + 10) \div 2$

즉, $14 + 2 \times \overline{CO} + 10 = 3 \times 17$

위의 식에서 $\overline{CO} = 9$입니다. 그러므로

$S_{\triangle ABO} = (9 - 7) \times 4 \div 2 = 4$, $S_{\triangle ODE} = (10 - 9) \times 2 \div 2 = 1$

따라서 전체 넓이는

$(4 + 2) \times (7 + 10) \div 2 + S_{\triangle ODE} = 52$이므로

색칠한 부분의 넓이는 전체 넓이의 $\dfrac{4 + 1}{52} = \dfrac{5}{52}$ 입니다.   **답** (1) $\dfrac{3}{16}$ (2) $\dfrac{1}{8}$ (3) $\dfrac{5}{52}$

예제 **4** 다음 물음에 답하시오.

(1) 4학년 2반의 남학생은 여학생 수의 $\dfrac{3}{5}$입니다. 그렇다면 4학년 2반의 남학생과 여학생은 각각 반 전체 학생의 몇 분의 몇입니까?

(2) a는 b의 3배입니다. 그렇다면 b는 a의 몇 분의 몇입니까?

(3) c는 d의 $\dfrac{1}{2}$입니다. 그렇다면 d는 c의 얼마입니까?

⚙ TIP
(1) 여학생을 5라고 한다면 남학생은 3입니다.
   따라서 반 전체 학생은 $5+3=8$입니다.
(2) $a=3\times b$
(3) $c=d\times\dfrac{1}{2}$

풀이 (1) 여학생을 $5\times\square$이라고 한다면 남학생은 $3\times\square$입니다. 따라서 반 전체 학생은 $5\times\square+3\times\square=8$입니다. 그러므로 남학생은 반 전체 학생의 $\dfrac{3}{5+3}=\dfrac{3}{8}$이고, 여학생은 반 전체 학생의 $\dfrac{5}{5+3}=\dfrac{5}{8}$입니다.

(2) $a=3b$이므로 $b=a\div3=\dfrac{a}{3}$입니다. 즉 b는 a의 $\dfrac{1}{3}$입니다.

(3) $c=\dfrac{d}{2}=d\div2$이므로 $d=2\times c$입니다. 즉 d는 c의 2배입니다.

답 (1) $\dfrac{5}{8}$ (2) $\dfrac{1}{3}$ (3) 2배

예제 **5** 다음 물음에 답하시오.

(1) a는 b의 4배보다 3이 많습니다. 그렇다면 b는 a의 얼마입니까?

⚙ TIP
(1) $a=4\times b+3$

(2) c는 d의 절반보다 3이 적습니다. 그렇다면 d는 c의 얼마입니까?

⚙ TIP
(2) $c=d\times\dfrac{1}{2}-3$

풀이 (1) $a=4\times b+3$이므로 $4\times b=a-3$, $b=(a-3)\div4=a\div4-3\div4=\dfrac{a}{4}-\dfrac{3}{4}$입니다. 즉, b는 a의 $\dfrac{1}{4}$보다 $\dfrac{3}{4}$ 적습니다.

(2) $c=\dfrac{d}{2}-3$이므로 $\dfrac{d}{2}=c+3$, $d\div2=c+3$, $d=(c+3)\times2=2\times c+6$, 즉, d는 c의 2배보다 6이 많습니다.

답 풀이참조

2 분수 기본성질의 응용−약분과 통분

분수의 기본성질 분수의 분자와 분모는 동시에 0이 아닌 같은 수로 곱하거나 나누어도 분수의 크기는 변하지 않습니다. 이러한 기본 성질에 따라 우리는 약분을 통해 분수를 가장 간단한 분수 (즉, 분자와 분모가 서로소인 분수=기약 분수)로 만들 수 있습니다. 또 통분을 통해 몇 개의 분수를 분모가 같은 분수로 만들 수 있습니다.

(예) $\dfrac{15}{12}=\dfrac{5}{4}$, $\dfrac{5823}{17469}=\dfrac{1}{3}$ 입니다. 이것은 약분의 결과입니다.

$\dfrac{1}{3}=\dfrac{2}{4}=\dfrac{3}{6}=\dfrac{4}{8}\cdots$ 이것은 통분한 경우입니다.

분수의 기본성질을 응용할 때, 동시와 같은 수라는 두 가지를 강조합니다. 그렇지 않다면 분수의 크기가 변합니다.

(1) 통분

통분의 공통분모는 각 분수 분모의 최소공배수입니다. 때문에 공통분모를 구하는 데는 보통 두 가지 방법이 있습니다.

① 각 분모의 소인수를 분해하여 최소공배수를 구해 공통분모를 정하는 것입니다.

② 자리를 뒤집은 나눗셈으로 최소공배수를 구해 공통분모를 정하는 것입니다.

예제 6 다음 분수들을 통분하시오.

(1) $\dfrac{1}{2}$, $\dfrac{1}{5}$, $\dfrac{1}{6}$, $\dfrac{1}{9}$

(2) $\dfrac{1}{6}$, $\dfrac{1}{8}$, $\dfrac{1}{20}$

✱ TIP
(1) 2, 5, 6, 9의 최소공배수는 $2\times3^2\times5=90$입니다.
단, $3^2=3\times3$입니다.

✱ TIP
(2) 6, 8, 20의 최소공배수는 $2^3\times3\times5=120$입니다.
단, $2^3=2\times2\times2$입니다.

풀이 (1) 2, 5, 6, 9의 최소공배수는 $2\times3^2\times5=90$이므로 통분하여 나타내면

$\dfrac{45}{90}$, $\dfrac{18}{90}$, $\dfrac{15}{90}$, $\dfrac{10}{90}$입니다.

(2) 6, 8, 20의 최소공배수는 $2^3\times3\times5=120$이므로 통분하여 나타내면

$\dfrac{20}{120}$, $\dfrac{15}{120}$, $\dfrac{6}{120}$입니다. **답** (1) $\dfrac{45}{90}$, $\dfrac{18}{90}$, $\dfrac{15}{90}$, $\dfrac{10}{90}$ (2) $\dfrac{20}{120}$, $\dfrac{15}{120}$, $\dfrac{6}{120}$

(2) 약분

약분에는 두 가지 방법이 있습니다.

① 소인수 분해를 이용하여 분자와 분모를 소인수하여 분자와 분모의 최대공약수를 구한 후 이 최대공약수로 약분합니다.

② 나눗셈으로 분자와 분모의 최대공약수를 구한 후 약분합니다.

예제 7

다음 분수를 약분하시오.

(1) $\dfrac{16666666666}{66666666664}$

(2) $\dfrac{697 \times 285 + 286}{3 \times 286 \times 697 - 3 \times 411}$

✿TIP

(1) $16 \times 4 = 64$, $166 \times 4 = 664$,
$\quad 1666 \times 4 = 6664$

✿TIP

(2) 분자
$\quad = 697 \times (286 - 1) + 286$
$\quad = 697 \times 286 - (697 - 286)$
$\quad = 697 \times 286 - 411$
분모
$\quad = 3 \times (286 \times 697 - 411)$

풀이

(1) $\dfrac{16}{64} = \dfrac{1}{4}$, $4 \times 6 = 24$, $2 + 4 = 6$이므로 여기에서 다음과 같은 결론이 나옵니다.

$\quad 16 \times 4 = 64$, $166 \times 4 = 640 + 24 = 664$,

$\quad 1666 \times 4 = 6640 + 24 = 6664$, $\cdots$

따라서 $\dfrac{16666666666}{66666666664} = \dfrac{16666666666}{16666666666 \times 4} = \dfrac{1}{4}$ 입니다.

(2) 분자 $= 697(286 - 1) + 286$

$\qquad\quad = 697 \times 286 - (697 - 286)$

$\qquad\quad = 697 \times 286 - 411$

분모 $= 3 \times (286 \times 697 - 411)$

따라서 $\dfrac{697 \times 285 \times 286}{3 \times 286 \times 697 - 3 \times 411} = \dfrac{697 \times 286 - 411}{3 \times (286 \times 697 - 411)} = \dfrac{1}{3}$ 입니다.

답 (1) $\dfrac{1}{4}$ (2) $\dfrac{1}{3}$

약분이란 어떤 분수를 가장 간단한 분수인 기약분수로 만드는 것입니다.
몇가지 관련된 예제를 알아봅시다.

예제 8

어떤 분수를 약분하면 $\dfrac{7}{13}$입니다. 약분 전의 분자와 분모의 합이 합이 200이라면 약분하기 전의 분수는 무엇입니까?

⚙ TIP
약분한 공약수를 x라고 한다면 약분 전 분수의 분자는 $7 \times x$이고, 분모는 $13 \times x$입니다.

풀이 약분한 최대공약수를 x라고 한다면 약분 전 분수의 분자는 $7 \times x$이고, 분모는 $13 \times x$입니다.
그렇다면 $7 \times x + 13 \times x = 200$입니다.
이를 풀면 $x = 200 \div (7+13) = 10$입니다.
따라서 약분 전의 분수는 $\dfrac{7 \times 10}{13 \times 10} = \dfrac{70}{130}$ 입니다.

답 $\dfrac{70}{130}$

예제 9

$n = 1, 2, 3, \cdots, 38$ 가운데 $\dfrac{n^2+3}{n+2}$가 기약분수가 아닌 n은 몇 개입니까? (단, $n^2 = n \times n$입니다.)

⚙ TIP
$\dfrac{n^2+3}{n+2} = n-2 + \dfrac{7}{n+2}$

풀이 $\left(\dfrac{n^2+3}{n+2} = \dfrac{n^2-2^2+7}{n+2} = \dfrac{n^2-2^2}{n+2} + \dfrac{7}{n+2} = \dfrac{(n+2)(n-2)}{n+2} + \dfrac{7}{n+2} = n-2 + \dfrac{7}{n+2} \right)$
임을 이용합니다.
$\dfrac{n^2+3}{n+2} = n-2 + \dfrac{7}{n+2}$, 7은 소수이므로 $n+2$가 7의 배수일 때, $\dfrac{7}{n+2}$은 기약분수가 아닙니다.

1~38 가운데 $n+2$가 7의 배수가 되려면 $n = 5, 12, 19, 26, 33$이므로 1~38 가운데 $\dfrac{n^2+3}{n+2}$이 기약분수가 아닌 n은 5개입니다.

답 5개

예제 10

$\dfrac{1}{2}$보다 크고, 5보다 작으며, 분모가 13인 기약분수는 몇 개입니까?

⚙ TIP
$\dfrac{1}{2} = \dfrac{6.5}{13}$, $5 = \dfrac{65}{13}$

풀이 $\dfrac{1}{2} = \dfrac{6.5}{13}$, $5 = \dfrac{65}{13}$이므로 분모는 13이고, 분자가 6.5보다 크고 65보다 작은 자연수인 분수는 $\dfrac{1}{2}$보다 크고 5보다 작습니다. 13이 소수이므로 기약분수라는 조건에 따라 7에서 64까지 58개의 연속한 자연수 가운데 13의 배수인 13, 26, 39, 52를 제외하면 54개가 남습니다.
따라서 문제의 조건을 만족시키는 기약분수의 개수는 54개입니다.

답 54개

3 분수와 순환소수

분수를 소수로 만들 때, 어떤 경우에는 '순환소수'가 생겨납니다.

(예) $\dfrac{1}{3}=0.\dot{3}$, $\dfrac{3}{7}=0.\dot{4}2857\dot{1}$, $\dfrac{2}{101}=0.\dot{0}19\dot{8}$입니다.

[주의] 순환소수가 분수가 되는 방법은 이번 장의 뒷부분의 '새싹노트'를 참고하시오.

순환소수는 반복되는 숫자의 주기가 무한 반복하여 만들어진 소수이므로 자릿수를 확정하는 문제 등이 있습니다. (순환소수에서 반복되는 숫자를 순환마디라고 합니다.)

예제 11

$\dfrac{5}{14}$를 소수로 만들었을 때, 소수점 아래 2015번째 수는 무엇입니까?
또 소숫점 아래 2015개의 숫자의 합은 얼마입니까?

⭐ TIP
$\dfrac{5}{14}=0.3\dot{5}7142\dot{8}$

풀이 $\dfrac{5}{14}=0.3\dot{5}7142\dot{8}$이고, $(2015-1)\div 6=335\cdots 4$이므로 $\dfrac{5}{14}$를 소수로 만든 후
소수점 아래 2014자리의 숫자와 소수점 아래 (1+4)자리의 숫자는 4로 같습니다.
따라서 소숫점 아래 2015개의 숫자의 합은
$(5+7+1+4+2+8)\times 335+3+5+7+1+4=9065$입니다.   📋 4, 9065

예제 12

$\dfrac{2}{13}$를 순환소수로 만든 후 순환소수의 소수 부분에서 한 부분을 잘라내면 이 부분의 모든 숫자의 합이 2015가 됩니다.
그렇다면 이 부분의 숫자는 모두 몇 개입니까?

⭐ TIP
$\dfrac{2}{13}=0.\dot{1}5384\dot{6}$

풀이 $\dfrac{2}{13}=0.\dot{1}5384\dot{6}$이므로 순환마디 하나의 각 숫자의 합은 $1+5+3+8+4+6=27$입니다.
$2015\div 27=74\cdots 7$이므로 순환소수의 소수 부분에서 한 부분을 잘라내면
153846 153846 153846 $\cdots$ 15384611538
입니다. 즉 74개의 순환마디 153846에 숫자 1, 5, 3, 8이 더해집니다.
따라서 이 부분의 숫자는 모두 $74\times 6+4=448$(개)입니다.   📋 448(개)

01 다음 물음에 답하시오.

(1) 다음 그림에서 선분 위의 $\dfrac{2}{5}$와 $\dfrac{11}{15}$의 위치를 표시하고 각각 몇 cm인지 구하시오.

(2) 한 자리 수 가운데 가장 큰 합성수를 분모로 하고, 가장 작은 소수를 분자로 하는 분수는 무엇입니까? 이 분수의 단위분수는 무엇입니까?

(3) $\dfrac{x}{15}$에서 이 분수가 0이려면 x는 얼마입니까? 또, 이 분수가 진분수일 때와 가분수일 때의 x의 범위를 각각 구하시오.

(4) 다음 두 그림에서 색칠한 부분의 넓이는 전체 넓이의 몇 분의 몇입니까?

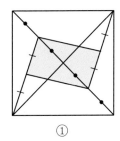

①

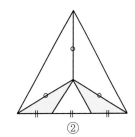

②

02 아래의 분수를 기약분수로 약분하시오.

(1) $\dfrac{6933}{25421}$

(2) $\dfrac{1212121212}{2323232323}$

03 다음 빈칸을 채우시오.

$$\frac{3}{4}=\frac{(\quad)}{24}=\frac{0.6}{(\quad)}=\frac{2\times12}{6+(\quad)}=\frac{18-(\quad)}{9+5}$$

04 어떤 분수를 기약분수로 약분하면 $\dfrac{5}{11}$입니다. 약분 전의 분자와 분모의 합이 48일 때, 약분하기 전의 분수는 무엇입니까?

05 다음 물음에 답하시오.

(1) $\dfrac{3}{101}$은 순환소수로 만들었을 때, 이 순환소수의 소수 아래 2015번째 자릿수는 무엇입니까?

(2) $\dfrac{140}{111}$을 순환소수로 만들 때, 자연수부분을 포함하여 2016번째 자릿수는 무엇입니까?

01 다음 물음에 답하시오.

(1) $\dfrac{3}{7}$의 분자에 6을 더했습니다. 원래 분수와 크기가 변하지 않으려면 분모에 얼마를 더해야 합니까?

(2) $\dfrac{1}{7}$의 분자와 분모에 같은 자연수를 더하면 분수 $\dfrac{3}{5}$이 됩니다. 이 자연수는 얼마입니까?

02 어떤 기약분수의 분자와 분모의 곱이 420이라면, 이 조건을 만족하는 분수는 몇 개입니까?

03 $\dfrac{1}{2}$보다 크고, 7보다 작고, 분모가 6인 기약분수는 몇 개입니까?

04 $\dfrac{1}{1}$, $\dfrac{1}{1}$, $\dfrac{1}{2}$, $\dfrac{1}{2}$, $\dfrac{2}{2}$, $\dfrac{2}{2}$, $\dfrac{1}{3}$, $\dfrac{1}{3}$, $\dfrac{2}{3}$, $\dfrac{2}{3}$, $\dfrac{3}{3}$, $\dfrac{3}{3}$, $\cdots$ 이 있습니다.
이런 규칙으로 나열할 때, 2015번째 분수는 무엇입니까?

05 진분수 $\dfrac{a}{7}$ 를 소수로 바꾼 후 소수점 아래 2014자리까지 숫자들의 합을 구했더니 9062입니다.
그렇다면 a는 얼마입니까?

01 0보다 크고 4보다 작으며 분모가 8인 분수 중 기약분수를 모두 더하면 그 합은 얼마입니까?

02 8개의 수 중에서 $0.5\dot{1}$, $\dfrac{2}{3}$, $\dfrac{5}{9}$, $0.5\dot{1}$, $\dfrac{13}{25}$ 은 그 중 6개의 수입니다. 작은 수에서 큰 수의 순서대로 배열한다면 4번째 수가 $0.5\dot{1}$일 때, 가장 큰 수에서 작은 수의 순서대로 배열한다면 4번째 수는 무엇입니까?

03 분모가 15인 가분수 중에서 기약분수를 작은 수에서 큰 수의 순서대로 배열하면 99번째 분수의 분자는 얼마입니까?

04 수열의 $\dfrac{1}{3}$, $\dfrac{1}{2}$, $\dfrac{5}{9}$, $\dfrac{7}{12}$, $\dfrac{3}{5}$, $\dfrac{11}{18}$, …의 30번째 분수는 무엇입니까?

대분수

$a\dfrac{n}{m}$ 형식의 분수를 대분수라고 합니다. 그 중 a는 자연수(자연수부분이라고 합니다.)이고,

$\dfrac{n}{m}$은 진분수(분수부분이라고 합니다.)입니다. 예 $1\dfrac{4}{5}$, $12\dfrac{2}{3}$ 등 입니다.

대분수 $a\dfrac{n}{m}$은 자연수 a와 진분수 $\dfrac{n}{m}$의 결합으로 만들어졌습니다.

즉, $a\dfrac{n}{m}=a+\dfrac{n}{m}$입니다. 반대로 $a+\dfrac{n}{m}$은 대분수 $a\dfrac{n}{m}$으로 쓸 수 있습니다.

예 $3\dfrac{7}{8}=3+\dfrac{7}{8}$, $3+\dfrac{7}{8}=3\dfrac{7}{8}$입니다.

대분수는 분자가 분모의 배수인 가분수의 또 다른 표현방법입니다.
따라서 대분수와 가분수는 아래와 같이 바꿔 쓸 수 있습니다.

$$a\dfrac{n}{m}=\dfrac{a\times m+n}{m}$$

(대분수) $\Leftrightarrow$ (가분수)

예를 들어 $9\dfrac{3}{5}=\dfrac{48}{5}$ $(9\times5+3=48$이므로$)$이고,

반대로 $\dfrac{48}{5}=9\dfrac{3}{5}$ $(48\div5=9\cdots3$이므로$)$입니다.

덧셈과 뺄셈에서 대분수는 일반적으로 정수부분과 분수부분을 각각 따로 계산합니다.

예 $6\dfrac{7}{8}+\dfrac{1}{4}-2\dfrac{3}{8}=(6+1-2)+\left(\dfrac{7}{8}+\dfrac{1}{4}-\dfrac{3}{8}\right)=5+\dfrac{3}{4}=5\dfrac{3}{4}$입니다.

곱셈과 나눗셈에서 대분수는 일반적으로 가분수로 만들고 계산합니다.

예 $4\dfrac{2}{3}\times\dfrac{6}{7}\div5\dfrac{1}{7}=\dfrac{14}{3}\times\dfrac{6}{7}\div\dfrac{36}{7}\cdots$입니다.

순환소수를 분수로 어떻게 바꾸는가?

분수(초등수학에서의 분수는 모두 '유리분수'를 가리킵니다.)는 모두 '분자÷분모'로 만들어진 유한소수와 무한순환소수입니다.

반대로 유한소수와 순환소수도 분수로 만들 수 있습니다.

(1) 유한소수 : 이런 소수를 분모가 1인 분수로 봅니다. 그 다음 분자와 분모에 분자의 소수점을 없앨 수 있는 10의 거듭제곱($10^1=10$, $10^2=100$, $10^3=1000$, $10^4=10000$, $\cdots$)을 곱합니다. (약분할 수 있으면 약분합니다.)

> 예) $2.54 = \dfrac{2.54}{1} = \dfrac{(2.54 \times 10^2)}{(1 \times 10^2)} = \dfrac{254}{100} = \dfrac{127}{50}$

(2) 순환소수

$$0.\dot{a} = \frac{a}{a}, \quad 0.\dot{a_1}a_2 \cdots \dot{a_n} = \frac{\overline{a_1 a_2 \cdots a_n}}{\underbrace{99 \cdots 9}_{9\text{가 } n\text{개}}}$$

$$0.b\dot{a} = \frac{\overline{ba} - b}{90}, \quad 0.bc\dot{a_1}a_2 \cdots \dot{a_n} = \frac{\overline{bc a_1 a_2 \cdots a_n} - \overline{bc}}{\underbrace{99 \cdots 9}_{9\text{가 } n\text{개}}00}$$

일반적으로 $0.b_1 b_2 \cdots b_m \dot{a_1} a_2 \cdots \dot{a_n} = \dfrac{\overline{b_1 b_2 \cdots b_m a_1 a_2 \cdots a_n} - \overline{b_1 b_2 \cdots b_n}}{\underbrace{99 \cdots 9}_{9\text{가 } n\text{개}}\underbrace{00 \cdots 0}_{0\text{이 } m\text{개}}}$

예제

1 다음 순환소수를 분수로 나타내시오.

　(1) $0.\dot{1} = $ _____ 　　$0.\dot{1}\dot{2} = $ _____ 　　$0.1\dot{2} = $ _____

　(2) $34.15\dot{7}8\dot{6} = $ _____

[풀이] (1) $0.\dot{1} = \dfrac{1}{9}$, $0.\dot{1}\dot{2} = \dfrac{12}{99} = \dfrac{4}{33}$, $0.1\dot{2} = \dfrac{12-1}{90} = \dfrac{11}{90}$

(2) $34.15\dot{7}8\dot{6} = 34 + 0.15\dot{7}8\dot{6} = 34 + \dfrac{15786 - 15}{99900} = 34 + \dfrac{15771}{99900}$

$= 34\dfrac{15771}{99900}$

예제
2

$\dfrac{B}{A}=0.\dot{C}DE\dot{F}$를 계산할 때, A와 B는 자연수이고, C, D, E, F는 0~9인 서로 다른 4개의 수입니다. 이때, A+B의 최솟값은 얼마입니까?

[풀이] (A+B)가 가장 작으려면 $\dfrac{B}{A}$가 반드시 기약분수이어야 합니다.

순환소수로 다음을 알 수 있습니다.

$$\dfrac{B}{A}=0.\dot{C}DE\dot{F}=\dfrac{(CDEF)}{9999}=\dfrac{(CDEF)}{3\times3\times11\times101}\ \ ^{(주)}$$

(CDEF)는 $3\times3\times11\times101$과 약분할 수 있고 각 자릿수는 서로 다른 4자리 수이므로 (CDEF)가 가진 약수 중 101을 제외합니다. (만약 101을 포함한다면 (CDEF)는 반드시 서로 같은 숫자입니다.)

분모와 약분할 수 있고, (CDEF)형식(그 중 C, D, E, F는 0~9 가운데 4개의 서로 다른 숫자를 나타냅니다.)이고, 또 (A+B)가 가장 작으려면 (CDEF)는 반드시 약수 $3\times3\times11(=99)$을 포함해야 합니다.

따라서 A의 최솟값은 101이고, 그 다음 B의 값을 정합니다.

$\dfrac{1}{101}=0.\dot{0}09\dot{9}$(문제의 조건에 맞지 않습니다.)이고, $\dfrac{2}{101}=0.\dot{0}19\dot{8}$로 문제의 조건에 맞습니다.

따라서 A+B의 최솟값은 101+2=103입니다.

[주의] 여기에서 (CDEF)를 사용하고 $\overline{CDEF}$를 사용하지 않은 것은 C가 0일 수도 있기 때문입니다.
만약 $\overline{CDEF}$라면 네 자리 수를 나타내므로 $C\neq0$입니다.

14 분수의 덧셈과 뺄셈

이번 장에서는 3가지 유형의 내용을 소개합니다.
① 분수의 덧셈과 뺄셈의 계산방법
② 분수의 크기를 분석하는 3가지 기본방법
③ 분수의 수 채우기 문제
입니다.

1 분수의 덧셈, 뺄셈의 계산

분수의 덧셈, 뺄셈의 계산 법칙은 다음과 같습니다.

(1) 분모가 같은 분수끼리는 더하거나 빼도 분모는 변하지 않습니다. 분자만 더하고 뺍니다.

(2) 분모가 다른 분수를 더하거나 뺄 때 먼저 분모를 통분하고, 통분한 분모에 따라 분수를 더하거나 뺍니다.

(3) 가분수는 먼저 대분수로 바꾸고 따로 계산합니다.

결합 법칙, 교환법칙과 특수한 여러 공식을 사용하면 분수의 덧셈과 뺄셈 과정을 간단하면서도 정확하게 할 수 있습니다.

예제 1

다음을 계산하시오.

(1) $\dfrac{1}{2} + 7.6 - \dfrac{1}{3}$

✿ TIP

(1) $\dfrac{1}{2} + \dfrac{76}{10} - \dfrac{1}{3}$

$= \dfrac{1}{2} + \dfrac{38}{5} - \dfrac{1}{3}$

풀이 (1) $\dfrac{1}{2} + 7.6 - \dfrac{1}{3} = \dfrac{1}{2} + \dfrac{76}{10} - \dfrac{1}{3}$

$= \dfrac{1}{2} + \dfrac{38}{5} - \dfrac{1}{3}$

$= \dfrac{15 + 228 - 10}{30} = \dfrac{233}{30} = 7\dfrac{23}{30}$

답 (1) $7\dfrac{23}{30}$

$(2)\ 7+\dfrac{13}{3}-\dfrac{62}{15}+\dfrac{101}{20}-\dfrac{95}{28}+\dfrac{620}{77}$

✪ TIP

$(2)\ 7+\left(4+\dfrac{1}{3}\right)-\left(4+\dfrac{2}{15}\right)$

$+\left(5+\dfrac{1}{20}\right)-\left(3+\dfrac{11}{28}\right)$

$+\left(8+\dfrac{4}{77}\right)$

풀이 $(2)\ 7+\dfrac{13}{3}-\dfrac{62}{15}+\dfrac{101}{20}-\dfrac{95}{28}-\dfrac{620}{77}$

$=7+\left(4+\dfrac{1}{3}\right)-\left(4+\dfrac{2}{15}\right)+\left(5+\dfrac{1}{20}\right)-\left(3+\dfrac{11}{28}\right)+\left(8+\dfrac{4}{77}\right)$

$=(7+4-4+5-3+8)+\dfrac{1}{3}-\dfrac{2}{15}+\dfrac{1}{20}-\dfrac{11}{28}+\dfrac{4}{77}$

$=17+\dfrac{1}{4}-\dfrac{11}{28}+\dfrac{4}{77}$

$=16+\dfrac{5}{4}-\dfrac{11}{28}+\dfrac{4}{77}$

$=16+\dfrac{5\times7\times11-11\times11+4\times4}{4\times7\times11}$

$=16+\dfrac{10}{11}=16\dfrac{10}{11}$

답 $(2)\ 16\dfrac{10}{11}$

예제 2

다음을 계산하시오.

$\left(\dfrac{2}{343}+\dfrac{4}{343}+\cdots+\dfrac{98}{343}\right)-\left(\dfrac{3}{686}+\dfrac{5}{686}+\cdots+\dfrac{99}{686}\right)$

✪ TIP

$\dfrac{2+4+6+\cdots+98}{343}$

$-\dfrac{3+5+7+\cdots+99}{686}$

$=\dfrac{(2+98)\times49\div2}{343}$

$-\dfrac{(3+99)\times49\div2}{686}$

풀이 $\left(\dfrac{2}{343}+\dfrac{4}{343}+\dfrac{6}{343}+\cdots+\dfrac{98}{343}\right)-\left(\dfrac{3}{686}+\dfrac{5}{686}+\dfrac{7}{686}+\cdots+\dfrac{99}{686}\right)$

$=\dfrac{2+4+6+\cdots+98}{343}-\dfrac{3+5+7+\cdots+99}{343}$

$=\dfrac{(2+98)\times49\div2}{343}-\dfrac{(3+99)\times49\div2}{686}$

$=\dfrac{50\times49}{343}-\dfrac{51\times49}{686}$

$=\dfrac{(100-51)\times49}{686}$

$=\dfrac{49\times49}{686}$

$=\dfrac{7\times7\times7\times7}{2\times7\times7\times7}=\dfrac{7}{2}=3\dfrac{1}{2}\,(\text{또는 }3.5)$

답 $3\dfrac{1}{2}\,(\text{또는 }3.5)$

예제 **3** 다음을 계산하시오.

● TIP

(1) $\left(\dfrac{1}{2}-\dfrac{1}{5}\right)+\left(\dfrac{1}{6}-\dfrac{1}{12}\right)$
$-\left(\dfrac{1}{3}-\dfrac{1}{4}\right)$

(1) $\dfrac{1}{2}-\dfrac{1}{3}+\dfrac{1}{4}-\dfrac{1}{5}+\dfrac{1}{6}-\dfrac{1}{12}$

풀이

(1) $\dfrac{1}{2}-\dfrac{1}{3}+\dfrac{1}{4}-\dfrac{1}{5}+\dfrac{1}{6}-\dfrac{1}{12}$

$=\left(\dfrac{1}{2}-\dfrac{1}{5}\right)+\left(\dfrac{1}{6}-\dfrac{1}{12}\right)-\left(\dfrac{1}{3}-\dfrac{1}{4}\right)$

$=\dfrac{3}{10}+\dfrac{1}{12}-\dfrac{1}{12}=\dfrac{3}{10}$

답 (1) $\dfrac{3}{10}$

(2) $\dfrac{7}{2}+\dfrac{8}{5}+\dfrac{19}{8}-\dfrac{7}{6}+\dfrac{7}{5}+\dfrac{14}{3}+\dfrac{5}{8}$

● TIP

(2) $\left(3+\dfrac{1}{2}\right)+\left(1+\dfrac{3}{5}\right)$
$+\left(2+\dfrac{3}{8}\right)-\left(1+\dfrac{1}{6}\right)$
$+\left(1+\dfrac{2}{5}\right)+\left(4+\dfrac{2}{3}\right)$
$+\dfrac{5}{8}$

풀이

(2) $\dfrac{7}{2}+\dfrac{8}{5}+\dfrac{19}{8}-\dfrac{7}{6}+\dfrac{7}{5}+\dfrac{14}{3}+\dfrac{5}{8}$

$=\left(3+\dfrac{1}{2}\right)+\left(1+\dfrac{3}{5}\right)+\left(2+\dfrac{3}{8}\right)-\left(1+\dfrac{1}{6}\right)+\left(1+\dfrac{2}{5}\right)+\left(4+\dfrac{2}{3}\right)+\dfrac{5}{8}$

$=(3+1+2-1+1+4)+\left(\dfrac{1}{2}+\dfrac{2}{3}-\dfrac{1}{6}\right)+\left(\dfrac{3}{5}+\dfrac{2}{5}\right)+\left(\dfrac{3}{8}+\dfrac{5}{8}\right)$

$=10+\dfrac{3+4-1}{6}+\dfrac{3+2}{5}+\dfrac{3+5}{8}=13$

답 (2) 13

부분분수법의 공식을 일반적으로 쓰면 다음과 같습니다.

$$\frac{1}{n \times (n+1)} = \frac{1}{n} - \frac{1}{n+1} \quad (n \geq 1 인 \ 자연수입니다.)$$

아래에서 이 공식을 사용한 간단한 계산의 예제를 들어봅니다.

예제 4

다음을 계산하시오.

(1) $\dfrac{1}{30} + \dfrac{1}{42} + \dfrac{1}{56} + \dfrac{1}{72}$

⚙TIP

(1) $\dfrac{1}{5 \times 6} + \dfrac{1}{6 \times 7} + \dfrac{1}{7 \times 8}$
  $+ \dfrac{1}{8 \times 9}$

풀이

(1) $\dfrac{1}{30} + \dfrac{1}{42} + \dfrac{1}{56} + \dfrac{1}{72}$

$= \dfrac{1}{5 \times 6} + \dfrac{1}{6 \times 7} + \dfrac{1}{7 \times 8} + \dfrac{1}{8 \times 9}$

$= \left(\dfrac{1}{5} - \dfrac{1}{6}\right) + \left(\dfrac{1}{6} - \dfrac{1}{7}\right) + \left(\dfrac{1}{7} - \dfrac{1}{8}\right) + \left(\dfrac{1}{8} - \dfrac{1}{9}\right)$

$= \dfrac{1}{5} - \dfrac{1}{9} = \dfrac{4}{45}$

답 (1) $\dfrac{4}{45}$

(2) $1 + \dfrac{31}{6} + \dfrac{121}{12} + \dfrac{301}{20} + \dfrac{601}{30} + \dfrac{1051}{42}$

⚙TIP

(2) $1 + \left(5 + \dfrac{1}{6}\right) + \left(10 + \dfrac{1}{12}\right)$
  $+ \left(15 + \dfrac{1}{20}\right) + \left(20 + \dfrac{1}{30}\right)$
  $+ \left(25 + \dfrac{1}{42}\right)$

풀이

(2) $1 + \dfrac{31}{6} + \dfrac{121}{12} + \dfrac{301}{20} + \dfrac{601}{30} + \dfrac{1051}{42}$

$= 1 + \left(5 + \dfrac{1}{6}\right) + \left(10 + \dfrac{1}{12}\right) + \left(15 + \dfrac{1}{20}\right) + \left(20 + \dfrac{1}{30}\right) + \left(25 + \dfrac{1}{42}\right)$

$= (1 + 5 + 10 + 15 + 20 + 25) + \dfrac{1}{2 \times 3} + \dfrac{1}{3 \times 4} + \dfrac{1}{4 \times 5} + \dfrac{1}{5 \times 6} + \dfrac{1}{6 \times 7}$

$= 76 + \dfrac{1}{2} - \dfrac{1}{7} = 76 + \dfrac{5}{14} = 76\dfrac{5}{14}$

답 (2) $76\dfrac{5}{14}$

2 분수의 크기 비교

분수의 크기 비교에는 3가지 기본방법이 있습니다.

(1) 분모가 같을 때, 분자가 큰 분수가 큽니다.

(2) 분자가 같을 때, 분모가 작은 분수가 큽니다.

(3) 소수로 바꿀 때, 소수의 크기로 비교합니다.

예제 5 $\dfrac{5}{6}$와 $\dfrac{6}{7}$ 중 어느 수가 더 큽니까?

⚙TIP

① 분모를 같게 한 후 비교합니다.

② 분자를 같게 한 후 비교합니다.

③ 소수를 만든 후 비교합니다.

풀이 $\dfrac{5}{6}=\dfrac{35}{42}$, $\dfrac{6}{7}=\dfrac{36}{42}$이고 $35<36$이므로 $\dfrac{5}{6}<\dfrac{6}{7}$입니다.   답 $\dfrac{6}{7}$

예제 6 다음 (   ) 안에 알맞은 자연수를 넣으시오.

⚙TIP

$\dfrac{2}{5}=0.4$, $\dfrac{3}{5}=0.6$입니다.

$$\frac{2}{5}<\frac{1}{(\ \ \ )}<\frac{3}{5}$$

풀이 $\dfrac{2}{5}=0.4$, $\dfrac{3}{5}=0.6$이므로 $\dfrac{1}{(\ \ \ )}=0.5$이면 문제의 조건에 맞습니다.

$0.5=\dfrac{5}{10}=\dfrac{1}{2}$입니다. 그러므로 괄호 안에 2를 써야 합니다.   답 2

3 분수의 수 채우기

자연수의 범위에서 우리는 어떤 조건에 따라 도형의 빈칸에 수를 채우는 것을 배웠습니다.
여기에서 채우는 수는 분수입니다.

예제
7 $\dfrac{1}{3}$, $\dfrac{2}{3}$, $\dfrac{1}{4}$, $\dfrac{1}{6}$, $\dfrac{1}{12}$, $\dfrac{5}{12}$, $\dfrac{7}{12}$의 7개의 수를 아래에 있는 그림의 7개의 ○ 안에 넣어서 3줄의 직선 위에 있는 수의 합이 1이 되게 만드시오.

⚙ **TIP**

이 7개의 수를 통분하면
$\dfrac{4}{12}$, $\dfrac{8}{12}$, $\dfrac{3}{12}$, $\dfrac{2}{12}$, $\dfrac{1}{12}$, $\dfrac{5}{12}$, $\dfrac{7}{12}$ 입니다.

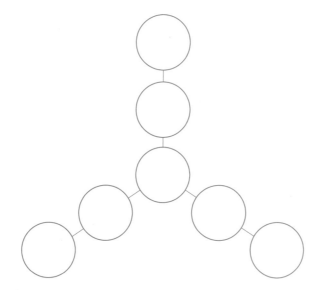

풀이 직선 위의 수의 합이 1임을 이용하면 중복수가 $\dfrac{1}{4}$임을 알 수 있습니다.
그러면 다음과 같이 나머지 수들을 찾아 완성합니다.

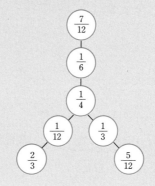

📋 풀이참조

예제 **8**

$\dfrac{1}{4}$, $\dfrac{1}{2}$, $\dfrac{3}{4}$, 1, $\dfrac{5}{4}$, $\dfrac{3}{2}$, $\dfrac{7}{4}$, 2의 8개의 수를 아래 그림의 8개의 ◯ 안에 넣어서 정육면체 각 면의 수 4개의 합이 서로 같도록 만드시오.

⚙ TIP

분수는 계산하기에 번거로우므로 먼저 분모를 통분합니다.

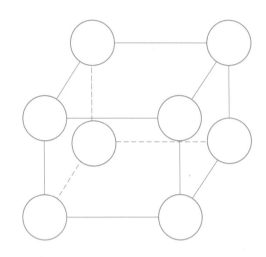

풀이 분모를 4로 통분하면 분자가 다음과 같이 됩니다.

$$\dfrac{1}{4}, \dfrac{2}{4}, \dfrac{3}{4}, \dfrac{4}{4}, \dfrac{5}{4}, \dfrac{6}{4}, \dfrac{7}{4}, \dfrac{8}{4}$$

아래의 왼쪽 그림과 같이 각 면의 수 4개의 합이 같도록 채웁니다. 마지막으로 4로 나누면 아래 오른쪽 그림과 같게 만들 수 있습니다.

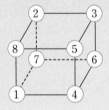 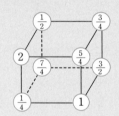

📋 풀이참조

예제 **9**

1~8의 8개의 숫자를 각각 아래의 원에 넣어 등식을 성립시키시오.

$$\dfrac{\bigcirc}{\bigcirc} = \dfrac{\bigcirc}{9} = \dfrac{\bigcirc\bigcirc}{\bigcirc\bigcirc\bigcirc}$$

⚙ TIP

분수 3개는 모두 1보다 작아야 합니다. 만약 9위의 분자가 2, 4, 5, 7, 8 중 하나라면 문제가 복잡해집니다. 따라서 먼저 9위의 원 안에 1, 3, 6의 3개의 수를 넣어봅니다. 즉 간단한 경우부터 시작하는 것입니다.

풀이 $\dfrac{2}{6} = \dfrac{3}{9} = \dfrac{58}{174}$

📋 풀이참조

01 다음을 계산하시오.

(1) $\dfrac{2}{5} + 3.6 - \dfrac{10}{4}$

(2) $\dfrac{1}{4} + 2.5 + \dfrac{1}{7}$

(3) $\dfrac{73}{9} + \dfrac{31}{9} - \dfrac{74}{7}$

(4) $1 - \dfrac{1}{2} - \dfrac{1}{4} - \dfrac{1}{8} - \dfrac{1}{16} - \dfrac{1}{32}$

02 다음을 계산하시오.

(1) $1 + \dfrac{19}{6} + \dfrac{61}{12} + \dfrac{141}{20} + \dfrac{271}{30} + \dfrac{463}{42} + \dfrac{729}{56} + \dfrac{1081}{72} + \dfrac{1531}{90}$

(2) $\dfrac{1}{2} + \dfrac{1}{3} + \dfrac{2}{3} + \dfrac{1}{4} + \dfrac{2}{4} + \dfrac{3}{4} + \dfrac{1}{5} + \dfrac{2}{5} + \dfrac{3}{5} + \cdots + \dfrac{1}{100} + \dfrac{2}{100} + \cdots + \dfrac{99}{100}$

03 3종류의 방법을 사용하여 $\dfrac{8}{9}$과 $\dfrac{7}{8}$의 크기를 비교하시오.

04 ☐ 안에 알맞은 자연수를 넣으시오.

$$\frac{7}{5} < \frac{17}{\boxed{}} < \frac{10}{7}$$

05 다음 그림에서 각각의 정삼각형의 세 꼭짓점의 수의 합은 1일 때, 빈칸에 알맞은 분수를 넣으시오.

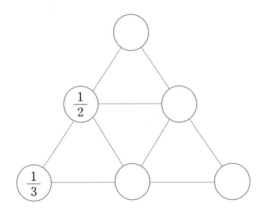

01 다음 물음에 답하시오.

(1) 다음을 계산하시오.

$$1+\frac{1}{2}+\frac{2}{2}+\frac{1}{2}+\frac{1}{3}+\frac{2}{3}+\frac{3}{3}+\frac{2}{3}+\frac{1}{3}+\cdots+\frac{1}{10}+\frac{2}{10}+\cdots$$
$$+\frac{9}{10}+\frac{10}{10}+\frac{9}{10}+\cdots+\frac{2}{10}+\frac{1}{10}$$

(2) 분모가 36인 1보다 작은 모든 기약분수의 합은 얼마입니까?

02 분수 $\dfrac{32}{29}, \dfrac{12}{11}, \dfrac{96}{89}, \dfrac{48}{47}, \dfrac{16}{15}$ 의 크기를 비교하시오.

03 부등식 $\dfrac{7}{18} < \dfrac{n}{5} < \dfrac{20}{7}$ 에서 알맞은 모든 자연수 n의 합을 구하시오.

04 1, 2, 3, 4, 5, 6, 7, 8, 9, 0의 10개의 서로 다른 숫자를 각각 아래의 분수의 □(이 중 2개는 이미 넣었습니다.)에 넣어 등식을 성립시키시오.

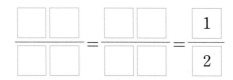

05 a, b, c, d, e는 각각 5명의 나이입니다. a는 b의 2배, c의 3배, d의 4배, e의 6배일 때, $a+b+c+d+e$의 최솟값은 얼마입니까?

01 1부터 8까지의 숫자를 각각 아래 식의 ○ 안에 넣어 등식을 성립시키시오.

$$\frac{\bigcirc}{\bigcirc} = \frac{9}{\bigcirc\bigcirc} = \frac{\bigcirc\bigcirc}{\bigcirc\bigcirc}$$

02 100 이하의 임의의 두 개의 서로 다른 소수를 골라 진분수를 만들 때, 가장 작은 진분수와 가장 큰 진분수를 각각 구하시오.

03 4학년 2반이 수학경시대회에 참가하여 금상, 은상을 받은 학생 수는 상을 받은 학생 수의 $\frac{1}{4}$입니다. 은상, 동상을 받은 학생 수가 상을 받은 학생 수의 $\frac{11}{12}$이라면 은상을 받은 학생 수는 상 받은 학생 수의 몇 분의 몇입니까? (단, 상은 금상, 은상, 동상만 있습니다.)

04 $\frac{1}{4}, \frac{1}{3}, \frac{5}{12}, \frac{1}{2}, \frac{7}{12}, \frac{2}{3}, \frac{3}{4}, \frac{5}{6}, \frac{11}{12}$ 의 9개의 분수를 각각 아래 그림의 ○ 안에 넣어 각각의 삼각형의 꼭짓점의 세 수의 합이 모두 같도록 만드시오.

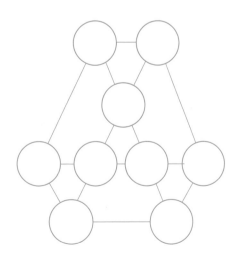

먼저 아래 그림과 같은 **4×4 블럭 스도쿠**를 알아봅시다.

블럭 안의 수의 합이 블럭 안에 씌여 있는 수가 나오도록 만드는데, 가로줄, 세로열에 **1**부터 **4**까지의 숫자가 한 번씩만 사용되는 스도쿠입니다.

3		8	5
5	7		
			5
7			

먼저 작은 정사각형마다 이름을 붙입니다.

3		8	5
A	B	C	D
5	7		
E	F	G	H
			5
I	J	K	L
7			
M	N	P	Q

이제, 블럭 안의 수에 관련된 덧셈식을 만듭니다.

M+N+P=**7**이므로 Q=**3**입니다.

그러면, L=**2**이고, A+B=**3**이므로 A와 B는 **1**, **2**중 하나입니다.

또, C+G+K=**8**이므로, P=**2**입니다.

맨 위 가로줄에 **1**, **2**가 나왔으므로 D=**4**, H=**1**, C=**3**입니다.

나머지 관계로부터 G=**4**, K=**1**입니다.

나머지 문자에 들어가는 숫자들을 찾아서 대입하면, 다음과 같습니다.

3		8	5
1	2	3	4
5	7		
2	3	4	1
			5
3	4	1	2
7			
4	1	2	3

예제 1 1부터 4까지의 수를 이용하여 4×4 블럭 스도쿠를 풀어 보시오.

(1)

7	4	3	
		6	
6			7
7			

(2)

5	7		
	5		9
4		5	
5			

예제 2 1부터 4까지의 수를 이용하여 4×4 블럭 스도쿠를 풀어 보시오.

(1)

9			6
4		5	
3	7		
		6	

(2)

5		7	5
9	3		
		5	
	6		

예제 3 1부터 4까지의 수를 이용하여 4×4 블럭 스도쿠를 풀어 보시오.

(1)

5		5	6
9	3		
		4	
	8		

(2)

9	7		
		4	3
		7	
5		5	

예제
4 1부터 4까지의 수를 이용하여 4×4 블럭 스도쿠를 풀어 보시오.

(1)

6		7	6
8			
	9		4

(2)

9	8		
		6	3
4			
3		7	

예제
5 1부터 4까지의 수를 이용하여 4×4 블럭 스도쿠를 풀어 보시오.

(1)

8		6	
	6	9	
			5
6			

(2)

4		11	
10		3	
			6
6			

예제
6 1부터 4까지의 수를 이용하여 4×4 블럭 스도쿠를 풀어 보시오.

(1)

9	7		
	8		6
		6	
4			

(2)

8			9
4	9		
6		4	

예제
7 1부터 5까지의 수를 이용하여 5×5 블럭 스도쿠를 풀어 보시오.

(1)

11	5	8		10
		13		
	9	4		
8			7	

(2)

10	4		6	
	14			
	9	9		6
7			10	

예제
8 1부터 5까지의 수를 이용하여 5×5 블럭 스도쿠를 풀어 보시오.

(1)

11		6		8
3		7		
	11		4	
9		5		11

(2)

12	10			
	13			
	6		13	
	3			4
8		6		

예제
9 1부터 5까지의 수를 이용하여 5×5 블럭 스도쿠를 풀어 보시오.

(1)

9	9			8
	11	4		
4			8	
	5	6		11

(2)

12		8	6	
5				5
	8		8	
7	3			
	4		9	

01 | 부터 4까지의 수를 이용하여 4×4 블럭 스도쿠를 풀어 보시오.

(1)

8			9
6		3	
5	4		
		5	

(2)

6			9
5		3	
5	7		
		5	

02 | 부터 4까지의 수를 이용하여 4×4 블럭 스도쿠를 풀어 보시오.

(1)

3		6	8
6			
7	4		
		6	

(2)

4		7	6
7			
3	6		
		7	

03 | 부터 4까지의 수를 이용하여 4×4 블럭 스도쿠를 풀어 보시오.

(1)

6	5		9
7	5		8

(2)

9	6		
		8	
3		7	
7			

04 1부터 4까지의 수를 이용하여 4×4 블럭 스도쿠를 풀어 보시오.

(1)

7	6		
		9	7
4			
	7		

(2)

9		6	5
	6		
5			9

05 1부터 5까지의 수를 이용하여 5×5 블럭 스도쿠를 풀어 보시오.

(1)

12			8	
12	10			7
		9		
	7			6
		4		

(2)

6		9	7	
6			6	
8	10			9
		3	11	

06 1부터 5까지의 수를 이용하여 5×5 블럭 스도쿠를 풀어 보시오.

(1)

9	13			
	12		4	
	11		6	
		10		7
3				

(2)

8	11		3	
			10	
8		3		9
5			8	
10				

01 1부터 5까지의 수를 이용하여 5×5 블럭 스도쿠를 풀어 보시오.

(1)

12	10			
		10	10	
5				
5		9	9	
			5	

(2)

8	12			
		9		3
8			13	
8	10			
			4	

02 1부터 5까지의 수를 이용하여 5×5 블럭 스도쿠를 풀어 보시오.

(1)

12		8		
11		7		13
	7		7	
	6			
		4		

(2)

14				7
11	8			
	6		4	
		10		9
6				

03 1부터 5까지의 수를 이용하여 5×5 블럭 스도쿠를 풀어 보시오.

(1)

10	13			
		10	9	
8				
	6		6	
5		8		

(2)

3		12		7
10			6	
12		6		7
	5			
			7	

04

1부터 5까지의 수를 이용하여 5×5 블럭 스도쿠를 풀어 보시오.

(1)

9	8		5	
		5		8
10		8		
8				6
		8		

(2)

12				6
7		10		
8			10	10
4				
	8			

05

1부터 5까지의 수를 이용하여 5×5 블럭 스도쿠를 풀어 보시오.

(1)

13	10		11	5
	7			8
	6	9		
			6	

(2)

7	13		9	
				6
12	6			6
		3		
4			9	

06

1부터 5까지의 수를 이용하여 5×5 블럭 스도쿠를 풀어 보시오.

(1)

6		6		9
	11			
12	6		11	8
	6			

(2)

9	8	10		10
		3		
	8		10	
				7
10				

세화교재 학년별 선택가이드 Guide

*사고력 향상, 내신심화, 영재교육원, 특목고, 영재고, 각종 경시대회, KMC, KMO대비

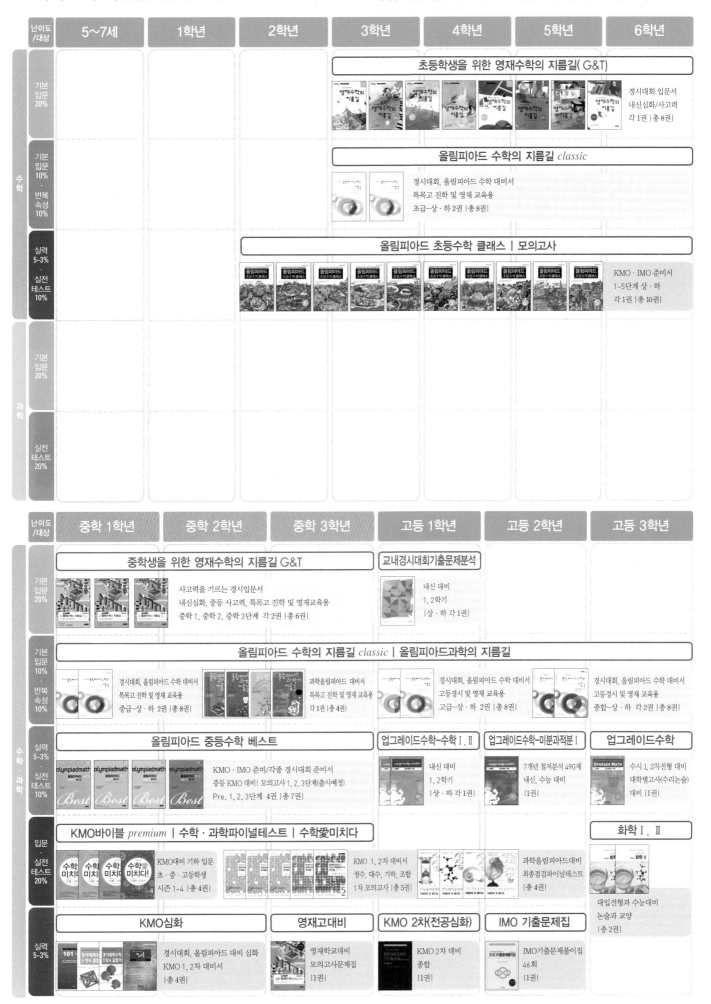

난이도/대상	5~7세	1학년	2학년	3학년	4학년	5학년	6학년

수학

- 기본입문 20% / 기본입문 10% · 반복속성 10% / 실력 5~3% · 실전테스트 10%

초등학생을 위한 영재수학의 지름길 (G&T)
경시대회 입문서
내신심화/사고력
각 1권 | 총 8권

올림피아드 수학의 지름길 classic
경시대회, 올림피아드 수학 대비서
특목고 진학 및 영재 교육용
초급–상·하 2권 | 총 8권

올림피아드 초등수학 클래스 | 모의고사
KMO·IMO 준비서
1–5단계 상·하
각 1권 | 총 10권

과학

- 기본입문 20% / 실전테스트 20%

난이도/대상	중학 1학년	중학 2학년	중학 3학년	고등 1학년	고등 2학년	고등 3학년

수학·과학

기본입문 20%

중학생을 위한 영재수학의 지름길 G&T
사고력을 기르는 경시입문서
내신심화, 중등 사고력, 특목고 진학 및 영재교육용
중학 1, 중학 2, 중학 3단계 각 2권 | 총 6권

교내경시대회기출문제분석
내신 대비
1, 2학기
상·하 각 1권

기본입문 10% · 반복속성 10%

올림피아드 수학의 지름길 classic | 올림피아드과학의 지름길
경시대회, 올림피아드 수학 대비서
특목고 진학 및 영재 교육용
중급–상·하 2권 | 총 8권

과학올림피아드 대비서
특목고 진학 및 영재교육용
각 1권 | 총 4권

경시대회, 올림피아드 수학 대비서
고등경시 및 영재 교육용
고급–상·하 2권 | 총 8권

경시대회, 올림피아드 수학 대비서
고등경시 및 영재 교육용
종합–상·하 각 2권 | 총 8권

실력 5~3% · 실전테스트 10%

올림피아드 중등수학 베스트
KMO·IMO 준비/각종 경시대회 준비서
중등 KMO 대비 모의고사 1, 2, 3단계(출시예정)
Pre, 1, 2, 3단계 4권 | 총 7권

업그레이드수학-수학Ⅰ, Ⅱ
내신 대비
1, 2학기
상·하 각 1권

업그레이드수학-미분과적분Ⅰ
7개년 철저분석 490제
내신, 수능 대비
1권

업그레이드수학
수시 1, 2차전형 대비
대학별고사(수리논술)
대비 | 1권

입문·실전테스트 20%

KMO바이블 premium | 수학·과학파이널테스트 | 수학愛미치다
KMO대비 기하 입문
초·중·고등학생
시즌 1~4 | 총 4권

KMO 1, 2차 대비서
정수, 대수, 기하, 조합
1차 모의고사 | 총 5권

과학올림피아드대비
최종점검파이널테스트
총 4권

화학Ⅰ, Ⅱ
대입전형과 수능대비
논술과 교양
총 2권

실력 5~3%

KMO심화
경시대회, 올림피아드 대비 심화
KMO 1, 2차 대비서
총 4권

영재고대비
영재학교대비
모의고사문제집
1권

KMO 2차(전공심화)
KMO 2차 대비
종합
1권

IMO 기출문제집
IMO기출문제풀이집
46회
1권

※학생의 수준에 따라 단계를 앞서나가셔도 무방합니다. 상기 이미지는 출판사의 사정에 의해 변경될 수 있습니다.

사·고·력·향·상·기·본·서

초등학생을 위한

영재수학의 지름길

중급|하

정답과 풀이

씨실과 날실

씨실과날실은 도서출판세화의 자매브랜드입니다.

step 6

초등학생을 위한

영재수학의 지름길

G i f t e d a n d T a l e n t e d M A T H

중급 | 하

이 책을 보는 순간 수학에 대한 자신감과 여러분의 밝은 미래를 향해 한 걸음 더 나아갈 수 있습니다.

연습문제 정답과 풀이

01장 남거나 모자람 문제의 방정식 풀이

연습문제 01	A형	18~19쪽

서술형문제는 반드시 풀이를 확인하세요.

01 9명, 41개   **02** 9명, 59그루

03 44명   **04** 3명, 22000원

05 8시간, 225개

01 [풀이 1] 어린이들을 x명이라고 하고, 전체 사탕의 개수는 변하지 않으므로 방정식을 세우면,
$4x+5=5x-4$입니다.
$x=(5+4)\times(5-4)=9$
따라서 어린이들은 9명이고, 사탕의 개수는
$4\times9+5=41$(개) 또는 $5\times9-4=41$(개)입니다.
[풀이 2] 1인당 5개씩 나누어주면 4개씩 나누어 줄 때보다 총 $(5+4)$개 더 많이 나누어 주고, 1인당 $(5-4)$개를 더 나누어 주었으므로, 어린이의 수는 $(5+4)\div(5-4)=9$(명)입니다.
따라서 사탕의 개수는 $4\times9+5=41$(개) 또는 $5\times9-4=41$(개)입니다.

02 [풀이 1] 반학생들이 모두 x명이라고 한다면, 나무의 그루 수가 모두 같다는 조건에 따라 방정식을 세웁니다.
$5x+14=7x-4$
$x=(14+4)\div(7-5)=9$(명)입니다.
따라서 학생은 모두 9명이고, 총 $5\times9+14=59$(그루)를 심었습니다.
[풀이 2] 1인당 7그루를 심으면 1인당 5그루를 심을 때보다 $(14+4)$그루를 더 심고, 1인당 $(7-5)$그루를 더 심으므로, 학생은 총 $(14+4)\div(7-5)=9$(명)입니다.
따라서 총 $5\times9+4=59$(그루) 또는
$7\times9-4=59$(그루)를 심었습니다.

03 [풀이 1] 6학년 1반에서 x척을 빌렸다고 하고, 6학년 1반의 학생 수는 변함이 없으므로 방정식을 세우면,
$6x-4=5x+4$, $x=(4+4)\div(6-5)=8$(척)입니다.
따라서 6학년 1반의 학생은 총 $6\times8-4=44$(명) 또는 $5\times8+4=44$(명)입니다.

[풀이 2] 나머지와 모자람 문제의 풀이 방법을 이용하면, 남거나 모자라는 양이 $(4+4)$이고, 2번 분배한 차이가 $(6-5)$이며, 6학년 1반 학생들이 총 $(4+4)\div(6-5)=8$(척)을 빌렸으므로, 6학년 1반에서 모두 $5\times8+4=44$(명) 또는 $6\times8-4=44$(명)의 학생이 갔습니다.

04 [풀이 1] 어린이를 x명이라고 합니다. 전체 책값은 같으므로 방정식을 세우면,
$8000x-2000=6000x+4000$,
$x=(2000+4000)\div(8000-6000)=3$(명)입니다.
따라서 어린이는 3명이고, 전체 책값은
$8000\times3-2=22000$(원)입니다.
[풀이 2] 1인당 8000원씩 내면 6000원씩 낼 때보다 총 $(2000+4000)$원 더 많고, 남거나 모자라는 양은 $(2000+4000)$원입니다. 1인당 $(8000-6000)$원이 더 많으므로, 2번 분배한 차는 $(8000-6000)$원입니다. 그러므로 어린이는 $(2000+4000)\div(8000-6000)=3$(명)입니다.
전체 책값은 $8000\times3-2000=22000$(원) 또는
$6000\times3+4000=22000$(원)입니다.

05 [풀이 1] 정해진 시간을 x시간이라고 하고, 목표량의 개수를 이용하여 방정식을 세우면,
$30x+15=35x-25$,
$x=(15+25)\div(35-30)=8$(시간)입니다.
따라서 정해진 시간은 8시간이고, 목표량은
$30x+15=30\times8+15=255$(개) 또는
$35\times8-25=255$(개)입니다.
[풀이 2] 나머지와 모자람 문제의 계산 방법을 이용합니다. 남거나 모자라는 양은 $(15+25)$개이고, 2번 분배한 차는 $(35-30)$입니다. 따라서 정해진 시간은 $(15+25)\div(35-30)=8$(시간)입니다.
따라서 목표량은 $30\times8+15=255$(개) 또는
$35\times8-25=255$(개)입니다.

서술형문제는 반드시 풀이를 확인하세요.

01 152개 　　**02** 3900개

03 7명, 38그루 　　**04** 8분

05 16장, 42장

---

01 [풀이 1] 어린이를 x명이라고 합니다. 사과 개수에 따라 방정식을 세우면,
$5x+32=8(x-5)$, 즉 $(8-5)\times x=32+8\times5$
입니다.
$x=(32+8\times5)\div(8-5)=24$(명)입니다.
따라서 사과는 모두 $5\times24+32=152$(개)입니다.
[풀이 2] 나머지와 모자람 문제의 계산 방법을 이용합니다. 남거나 모자라는 양이 $(32+5\times8)$이고, 2번 분배한 차가 $(8-5)$이므로 어린이는 모두
$(32+5\times8)\div(8-5)=24$(명)입니다.
따라서 사과는 모두 $5\times24+32=152$(개)입니다.

02 [풀이 1] 원래 x일만에 완성할 계획이었다고 합니다. 부품 개수에 따라 방정식을 세우면,
$50\times(x+8)=60\times(x-5)$
$(60-50)\times x=(50\times8+60\times5)$
$x=(50\times8+60\times5)\div(60-50)=70$
입니다.
따라서 만들어야 하는 부품은 모두
$50\times(70+8)=3900$(개)입니다.
[풀이 2] 매일 50개씩 만들면, $50\times8=400$(개)를 덜 만들게 됩니다. 매일 60개씩 만들면,
$60\times5=300$(개)를 더 만들게 됩니다.
이 문제를 나머지와 모자람 문제로 보면, 남거나 모자라는 양은 $(50\times8+60\times5)$이고, 2번 분배 차는 $(60-50)$입니다. 따라서 원래 계획은
$(50\times8+60\times5)\div(60-50)=70$(일)이고,
만들어야 하는 부품은 모두 총
$50\times70+400=3900$(개) 또는
$60\times70-300=3900$(개)입니다.

이 문제를 나머지와 모자람 문제로 보면, 남거나 모자라는 양은 $(50\times8+60\times5)$이고, 2번 분배 차는 $(60-50)$입니다. 따라서 원래 계획은
$(50\times8+60\times5)\div(60-50)=70$(일)이고,
만들어야 하는 부품은 모두 총
$50\times70+400=3900$(개) 또는
$60\times70-300=3900$(개)입니다.

03 [풀이 1] 모둠의 인원을 x명이라고 합니다. 나무 그루 수의 개수가 같으므로 방정식을 세우면,
$5x+3=2\times4+6(x-2)$입니다.
$x=(3+6\times2-2\times4)\div(6-5)=7$(명)입니다.
따라서 모둠의 인원은 7명이고, 모두
$5\times7+3=38$(그루)를 심었습니다.
[풀이 2] 1인당 6그루를 심는다면 $(6-4)\times2=4$(그루)가 차이 납니다. 따라서 남거나 모자라는 양은 $(3+4)$그루이고, 2번 분배한 차는 $(6-5)$그루입니다. 따라서 현아네 모둠은
$(3+4)\times(6-5)=7$(명)이 있고,
모두 $5\times7+3=38$(그루)를 심었습니다

04 [풀이 1] 남거나 모자라는 양은 $(60\times2+80\times3)$이고, 2번 분배한 차는 $(80-60)$이므로 정해진 시간은
$(60\times2+80\times3)\div(80-60)=18$(분)입니다.
따라서 집에서 회사까지의 거리는
$60\times(18+2)=1200$(m) 또는
$80\times(18-3)=1200$(m) 입니다.
따라서 자전거를 타고 가면 $1200\div150=8$(분)이 걸립니다.
[풀이 2] 을이 집에서 회사까지 가는 시간을 x분이라고 하면, 집에서 회사까지의 거리를 이용하여 방정식을 세웁니다.
$60(x+2)=80(x-3)$
$x=(60\times2+80\times3)\div(80-60)=18$(분)
따라서 집에서 회사까지의 거리는
$60\times(18+2)=1200$(m) 또는
$80\times(18-3)=1200$(m)입니다.
그러므로 자전거를 탔을 때 집에서 회사까지
$1200\div150=8$(분)이 걸립니다.

05 [풀이 1] 편지봉투가 x라고 하고, 편지지의 개수를 이용하여 방정식을 세우면,
$2x+10=3x-6$
$x=(10+6)\div(3-2)=16$입니다.

즉 편지봉투는 16장입니다.
따라서 편지지는 $2 \times 16 + 10 = 42$(장) 또는
$3 \times 16 - 6 = 42$(장)입니다.
[풀이 2] 남거나 모자르는 양은 $(10+6)$이고, 2번
분배의 차가 $(3-2)$이므로 편지봉투의 개수는
$(10+6) \div (3-2) = 16$(장)입니다.
따라서 편지지는 $2 \times 16 + 10 = 42$(장) 또는
$3 \times 16 - 6 = 42$(장)입니다.

연습문제 01 C형 21쪽

21쪽

서술형문제는 반드시 풀이를 확인하세요.

01 72명 **02** 450kg, 9시간 30분
03 19000원 **04** 11톤

---

01 [풀이 1] 방의 개수 a를 미지수로 합니다. 캠프에
참가하는 학생의 수를 이용하여 방정식을 세우면,
$6(a+2) = 9(a-2)$
$a = (6 \times 2 + 9 \times 2) \div (9-6) = 10$(개)
입니다.
따라서 겨울 캠프에 참가한 학생의 수는
$6 \times (10+2) = 72$(명) 또는 $9 \times (10-2) = 72$(명)
입니다.
[풀이 2] 남거나 모자라는 양은 $(6 \times 2 + 9 \times 2)$이고,
2번 분배한 차가 $(9-6)$이므로 숙소의 개수
$a = (6 \times 2 + 9 \times 2) \div (9-6) = 10$(개)입니다.
따라서 캠프에 참가한 학생의 수는
$6 \times (10+2) = 72$(명) 또는 $9 \times (10-2) = 72$(명)
입니다.

02 [풀이 1] 원래의 예상 시간이 x시간이라고 한다면,
갑과 을 사이의 거리로 방정식을 세우면
$45(x+0.5) = 50(x-0.5)$
$x = 9.5$(시간)입니다. (즉, 9시간 30분입니다.)
따라서 원래 9시간 30분을 예상했을 때, 갑과 을 사
이의 거리는 $45 \times (9.5+0.5) = 450$(km)입니다.
[풀이 2] 남거나 모자라는 양은
$45 \times 0.5 + 50 \times 0.5 = 47.5$(km)이고, 2번 분배의
차는 $50-45 = 5$(km)입니다. 따라서 예상 시간은
$47.5 \times 5 = 9.5$(시간)
($=$즉 9시간 30분)이고, 갑과 을 사이의 거리는
$50 \times (9.5-0.5) = 450$(km)입니다.

03 [풀이 1] 이 상자에 배가 $x$kg있다고 한다면, 상자의
가격으로 방정식을 세웁니다.
$21000x - 6000 = 16000x + 9000$
즉, $(21000-16000)x = 9000 + 6000$
즉, $5000x = 15000$, $x = 3$kg입니다.
$21000 \times 3 - 6000 = 57000$
(또는 $16000 \times 3 + 9000 = 57000$),
$57000 \div 3 = 19000$(원)이므로
이익이나 손해를 보지 않으려면 1kg을 19000원에
팔아야 합니다.
[풀이 2] 남거나 모자라는 양은 $(9000+6000)$원이
고, 2차례 분배의 차는 $(21000-16000)$원입니다.
따라서 상자의 배는
$(9000+6000) \div (21000-16000) = 3(kg)$
입니다.
만약 1kg에 16000원이라고 한다면, 1kg에
$9000 \div 3$(원)을 손해 보기 때문에, 이익이나 손해를
보지 않으려면 1kg을
$16000 + 9000 \div 3 = 19000$(원)에 팔아야 합니다.

04 [풀이 1] 차가 x대라고 한다면, 석탄을 2차례 운반하
는 톤 수로 방정식을 세우면,
$3x + 2 = (3+1)x - 1$입니다.
$x = (2+1) \div (4-3) = 3$(대)입니다.
따라서 석탄을 모두 $3 \times 3 + 2 = 11$(톤)입니다.
[풀이 2] 남거나 모자라는 양은 $(2+1)$톤이고, 2번
분배의 차는 1톤이므로 차 $(2+1) \div 1 = 3$(대)이고,
석탄은 모두 $3 \times 3 + 2 = 11$(톤)입니다.

연습문제 02 [A형] 26~27쪽

서술형문제는 반드시 풀이를 확인하세요.

01 (1) 43kg (2) 64

02 (1) 5번째 (2) 6번

03 6

04 (1) 2001 (2) 23

05 95점

---

01 (1) [풀이 1] 영훈이의 몸무게를 $x$kg이라고 하고, 온 가족의 몸무게로 식을 만들면,

$4 \times 56 + x = (56 - 2.6) \times 5$입니다.

$x = (56 - 2.6) \times 5 - 4 \times 56 = 43(\text{kg})$

따라서 영훈이의 몸무게는 43kg입니다.

[풀이 2] 영훈이를 제외한 4명의 몸무게가

$56 \times 4 = 224(\text{kg})$이므로 영훈이를 포함한 5명의 몸무게는 $(56 - 2.6) \times 5 = 267(\text{kg})$입니다.

따라서 영훈이의 몸무게는 $267 - 224 = 43(\text{kg})$입니다.

[풀이 3] 영훈이를 합친 후 온 가족의 몸무게의 평균(56kg)에서 2.6kg을 빼야 하기 때문에 영훈이의 몸무게는 56kg에서 총 $2.6 \times 5 = 13$kg을 빼야 합니다.

따라서 영훈이의 몸무게는

$56 - 2.6 \times 5 = 43(\text{kg})$입니다.

(2) [풀이 1] 바뀌기 전의 수를 원래 x라고 하고, 4개 수의 합으로 식을 세우면,

$60 \times 4 - (80 - x) = 56 \times 4$

$x = 80 - (60 - 56) \times 4 = 64$입니다.

따라서 바뀌기 전의 수는 64입니다.

[풀이 2] 바뀐 수로 인해 $(60 - 56) \times 4 = 16$이 증가하였으므로 바뀌기 전의 수는 $80 - 16 = 64$입니다.

02 (1) [풀이 1] 이번이 x번째 시험이라고 하고, x번의 총점으로 식을 세우면,

$86 \times x = 84 \times (x - 1) + 94$

$x = (94 - 84) \div (86 - 84) = 5(\text{번})$입니다.

따라서 이번은 5번째 시험입니다.

[풀이 2] 94점은 지금까지의 평균점수를 $86 - 84 = 2$점 올리고, 94가 84보다 $94 - 84 = 10(\text{점})$이 높으며, $(94 - 84) \div (86 - 84) = 5$이므로 이번 시험은 5번째 시험입니다.

(2) 현아는 지금까지 x번의 경시대회에 참가하였고, 현아의 실제 총점으로 식(즉, x번의 경시대회의 총점)을 세우면,

$87 \times (x + 1) - 99 = 83 \times (x + 1) - 71$

$x + 1 = (99 - 71) \div (87 - 83) = 7$입니다.

즉 $x = 7 - 1 = 6(\text{번})$ 또는

$(99 - 71) \div (87 - 83) - 1 = 6(\text{번})$입니다.

따라서 현아는 지금까지 6번의 경시대회에 참가하였습니다.

03 자연수의 합 $1 + 2 + 3 + \cdots + n = \dfrac{n \times (n+1)}{2}$

이므로 1에서 시작하여 앞의 n개의 수에 한 번 더 더한 수 1개를 더한 평균은 약

$\{(1 + n) \times n \div 2\} \div (1 + n) = n \div 2$입니다.

즉, $n \div 2 = 9.8$이면, $9.8 \times 2 = 19.6$이므로 슬기는 약 19까지 더한 것입니다.

$1 + 2 + 3 + \cdots + 19 = 190$이므로 1개의 수를 더하면 총 20개의 수를 더한 것으로 그 합은

$9.8 \times 20 = 196$입니다. 따라서 한 번 더 더한 수는 $196 - 190 = 6$입니다.

04 (1) 처음의 2000개의 수의 평균을 x라고 한다면, 2001개의 수의 평균으로 식을 세우면,

$(2000x + x) \div 2001 = 2001$, $x = 2001$입니다.

따라서 처음 2000개의 수의 평균은 2001입니다.

(2) 우리는 우선 다음과 같은 일반적인 결론을 증명해야 합니다. 임의의 n개의 수 a_1, a_2, a_3, $\cdots$, a_n과 그 평균 a의 평균은 여전히 a입니다.

$(a_1 + a_2 + a_3 + \cdots + a_n) \div n = a$,

즉 $a_1 + a_2 + a_3 + \cdots + a_n = n \times a$입니다.

따라서 $(a_1 + a_2 + a_3 + \cdots + a_n + a) \div (n + 1)$

$= (n \times a + a) \div (n + 1) = a \times (n + 1) \div (n + 1) = a$입니다.

즉, a_1, a_2, a_3, $\cdots$, a_n과 a의 평균은 여전히 a입니다.

이 문제는 $n = 5$인 경우입니다. 따라서 처음의 10개의 수의 평균은 23입니다.

05 문제의 조건에서 3등, 4등, 5등의 점수의 합은 최소한 $(92.5 \times 6 - 99 - 76) - 98 = 282(\text{점})$입니다. 따라서 3등의 점수는 최소한 $282 \div 3 + 1 = 95(\text{점})$입니다.

서술형문제는 반드시 풀이를 확인하세요.

01 을　　　　**02** 27명

03 0.24점 낮습니다.　　**04** 480원

05 5명

---

01 A와 B 사이의 거리를 Skm라고 한다면, 갑 차가 왕복하는데 걸리는 시간은

$$\frac{S}{40}+\frac{S}{60}=\left(\frac{1}{60}+\frac{1}{40}\right)\times S(\text{시간})\text{입니다.}$$

$\frac{1}{60}+\frac{1}{40}=\frac{2}{120}+\frac{3}{120}=\frac{5}{120}=\frac{1}{24}$ 이므로 갑 차가 왕복하는 속력(즉, 왕복 평균속력)은

시간당 $2\times S\div\left(\frac{1}{60}+\frac{1}{40}\right)\times S=2\div\left(\frac{1}{60}+\frac{1}{40}\right)$

$=2\div\frac{1}{24}=2\div(1\div24)=2\div1\times24$

$=2\times24=48(\text{km})$ 입니다.

그리고 을 차의 왕복 평균속력은 시간당 50km입니다.

따라서 을 차가 먼저 A에 도착합니다.

[설명] 만약 분수의 사칙연산을 배우면 풀이 방법의 계산은 더욱 간단해집니다.

02 남학생 수를 x명이라고 하고, 반 전체의 총점으로 식을 세우면,

$88\times x+93\times18=90\times(x+18)$,

$x=(93-90)\div18\div(90-88)=27(\text{명})$입니다.

따라서 남학생은 27명입니다.

03 세 번째, 네 번째, 다섯 번째, 여섯 번째 점수의 합

$=4\times(a+3)=4\times a+12(\text{점})$이고,

첫 번째, 두 번째 점수의 합$=6\times a-(4\times a+12)$

$=2\times a-12(\text{점})$입니다.

또 첫 번째, 두 번째, 여섯 번째 점수의 합

$=3\times(a-3.6)=3\times a-10.8(\text{점})$이고,

따라서 여섯 번째 시험의 점수

$=(3\times a-10.8)-(2\times a-12)=a+1.2(\text{점})$입니다.

앞의 5번의 시험 점수의 합

$=6\times a-(a+1.2)=5\times a-1.2(\text{점})$입니다.

앞의 5번의 시험 평균점수는

$(5\times a-1.2)\div5=a-1.2\div5=a-0.24(\text{점})$입니다.

따라서 앞의 5번의 시험 평균점수는 a보다 0.24점이 낮습니다.

04 [풀이 1] 갑 바구니에 $x$kg이 들어있고 을 바구니에 $y$kg이 들어있고, 갑과 을 두 바구니 가격은 같으므로

$600\times x=400\times y$이고, 즉, $y=600\times x\div400=1.5\times x$ 입니다.

따라서 사탕의 최저가격(즉 갑, 을 두 바구니의 평균가격)은

$(600\times x+400\times y)\div(x+y)$

$=(600\times x+400\times1.5\times x)\div(x+1.5\times x)$

$=(1200\times x)\div(2.5\times x)=1200\div2.5=480(\text{원})$ 입니다.

따라서 사탕은 1kg당 최소한 480원에 팔아야 손해를 보지 않습니다.

[풀이 2] 문제는 사탕 1kg의 판매 가격으로, 전체 평균을 구하는 문제입니다. 갑 바구니의 1kg과 을 바구니의 $600\div400=1.5$kg의 가격이 같으므로 을 바구니의 가격이 기준일 때, 사탕의 가격은 400원 기준 위에 남는 금액

$(600-400)\div(1+1.5)=80(\text{원})$을 더해주어야 하므로 사탕의 최저가격은

$400+(600-400)\div(1+1.5)=480(\text{원})$입니다.

05 150cm보다 작은 학생이 x명이고 150cm보다 큰 학생이 y명이라고 하면, 키가 150cm인 학생은 $(10-x-y)$명입니다. 전체 학생 10명의 키의 합으로 방정식을 세우면

$1.2\times x+1.7\times y+1.5\times(10-x-y)=1.5\times10$ 입니다.

양변에 10을 곱하면

$12\times x+17\times y+150-15\times x-15\times y=150$입니다.

양변에 $3\times x-150$을 더하면, $2\times y=3\times x$입니다.

x,y가 모두 자연수이고, $x+y\leq10$이므로

$x=2,y=3$ 또는 $x=4,y=6$일 때만 위의 식이 성립합니다. 따라서 키가 정확히 150cm인 학생은 최대 $10-2-3=5(\text{명})$입니다.

서술형문제는 반드시 풀이를 확인하세요.

1 155, 157, 149, 163　　**2** 1000, 2998

3 15.88　　**4** 5자루

5 80 또는 91　　**6** 7

---

01 [풀이 1] 가운데 숫자를 a라고 하면 가장자리의 4개의 숫자는 $a-1$, $a+1$, $a-7$, $a+7$입니다. 합을 이용하여 방정식을 세우면,

$(a-1)+(a+1)+(a-7)+(a+7)=624$

$a=624\div4=156$입니다.

따라서 가장자리의 4개의 숫자는 각각
$156-1=155$, $156+1=157$, $156-7=149$,
$156+7=163$입니다.

[풀이 2] 십자 모양 울타리 안의 5개의 숫자의 규칙은 다음과 같습니다.

가운데 숫자는 가장자리 4개의 숫자의 평균이므로,
가운데 숫자$=624÷4=156$입니다.

따라서 왼쪽, 오른쪽의 2개의 숫자는 각각
$156-1=155$, $156+1=157$이고,
위, 아래의 2개의 숫자는 각각
$156-7=149$, $156+7=163$입니다.

02 [풀이 1] 1999개의 연속한 자연수를 n, $n+1$, $n+2$, ⋯, $n+1998$이라고 하면, 가장 작은 수와 가장 큰 수의 평균으로 방정식을 세웁니다.

$$\{n+(n+1998)\}÷2=1999$$

이 방정식을 풀면,

$$n=\{1999×2-1998\}÷2=1000$$

입니다.

따라서 가장 작은 수는 1000이고, 가장 큰 수는 $(n+1998)=1000+1998=2998$입니다.

[풀이 2] 가장 큰 수와 가장 작은 수의 합$=1999×2$이고, 가장 큰 수와 가장 작은 수의 차$=1999-1=1998$이므로, 합차공식에 따라

가장 큰 수$=(1999×2+1998)÷2=2998$,
가장 작은 수$=(1999×2-1998)÷2=1000$입니다.

03 평균의 소수 첫째 자리까지가 15.9이므로, 이 평균은 아마도 $\overline{15.9a}\cdots$(여기에서 숫자 a는 $0≤a≤4$), $\overline{15.8b}$(여기에서 숫자 b는 $9≥b≥5$)일 것입니다.

b가 최소 5일 때, $15.85×34=538.9$이고,
a가 최대 4일 때, $15.94×34=541.96$입니다.

짝수 34개의 합은 짝수이므로, 이 34개의 짝수의 합의 최솟값은 반드시 540입니다. 따라서 만약 소숫점 아래 두 자리까지 계산한다면 평균값의 최솟값은 $540÷34=15.88$입니다.

04 문제의 조건에서 연필의 총 개수가 12, 15, 20으로 나누어 떨어지므로, 연필의 총 개수는 12, 15, 20의 공배수입니다. 따라서 연필의 총 개수는 $60x$(60은 12, 15, 20으로 모두 나누어떨어지므로)입니다. 즉

첫 번째 모둠의 학생은 $60x÷12=5x$(명)이고,
두 번째 모둠의 학생은 $60x÷15=4x$(명)이고,
세 번째 모둠의 학생은 $60x÷20=3x$(명)입니다.

따라서 세 모둠의 학생은 모두 $5x+4x+3x=12x$(명)입니다.

따라서 학생 1명당 $60x÷12=5$(자루)씩 나누어 줄 수 있습니다.

05 진수의 점수를 $\overline{ab}$라고 하고, (문제의 조건에서 진수의 점수는 100점은 아닙니다.), 다른 학생들의 총점을 M, 이 반의 학생 수를 n(n은 $30<n<40$)이라고 합니다. 진수의 시험 점수를 바꾸었을 때 2점이 떨어진다는 조건에 따라 등식을 세웁니다.

$$(M+\overline{ab})÷n-(M+\overline{ba})÷n=2$$

즉, $(M+\overline{ab})-(M+\overline{ba})=2n$

$10a+b-10b-a=2n$, $9(a-b)=2n$

$a-b=2n÷9$입니다.

$a-b$는 자연수이고 또 2는 9의 배수가 아니므로, $30<n<40$ 가운데 $n=36$일 때만 $2n÷9$는 8이 될 수 있습니다. 즉

$a-b=8$, $a=8+b$입니다.

a, b가 한 자리 숫자이므로, 숫자 b는 0이나 1만 가능합니다. 따라서 대입해보면 $a=8$이나 9입니다.

따라서 진수는 이번 시험에서 80점 또는 91점을 받았습니다.

06 동아리에서 어떤 두 학생의 나이차도 모두 3살을 넘지 않으며, 나이의 평균값이 12.2살이므로 이 동아리 50명의 나이는 10~13살 또는 11~14살 또는 12~15살입니다. 왜냐하면, 이 반 학생 중 가장 많은 나이가 16살이고, 가장 적은 나이가 13살라면, 평균 나이는 13보다 많으므로 문제의 조건과 맞지 않습니다. 또 이 반 학생 가운데 가장 많은 나이를 구해야 하므로, 학생 가운데 가장 많은 나이는 15살이고, 가장 적은 나이는 12살입니다.(따라서 10~13살과 11~14살은 아닙니다.)

동아리 전체 50명의 나이의 총합은 평균 12.2살의 자연수인 12살의 나이 총합보다
$(12.2-12)×50=10$살 많습니다. 만약, 단 1명의 나이가 15살이라면, 이 반의 나이는 가장 많지도(15살) 가장 적지도(12살) 않은 학생은 14살이거나 13살입니다. 따라서 문제를 나이가 14살이거나 13살인 학생수의 최댓값으로 바꿉니다. 1명의 나이가 15살이라면, 남은 49명의 나이의 총합은 평균 12살의 총합보다 $10-3=7$(살)이 많으므로, 최대 7명(13살)의 나이가 가장 적은 12살보다 많고, 가장 많은 15살보다 적습니다.

서술형문제는 반드시 풀이를 확인하세요.

01 7000권   **02** 1000원   **03** 1.5배

04 82.5점   **05** 32

---

01 [풀이 1] 전체 남학생의 수를 $2 \times x$라고 하면, 전체 남학생은 1인당 평균 $(9 \times x + 5 \times x) \div 2 \times x = 7$(권)을 기부했습니다.

마찬가지로 전체 여학생은 1인당 평균 $(8+6) \div 2 = 7$(권)을 기부했습니다.

따라서 전교생은 1인당 평균 7권을 기부하였고, 모두 $7 \times 1000 = 7000$(권)을 기부했습니다.

[풀이 2] 전체 남학생의 수를 $2 \times x$라고 하면, 전체 여학생의 수는 $1000 - 2 \times x = 2 \times (500 - x)$(명)입니다.

남학생이 $9x + 5x = 14x$(권)을 기부하고, 여학생이 $8 \times (500-x) + 6 \times (500-x) = (7000 - 14 \times x)$(권)을 기부했습니다. 따라서 전교생이 모두 $14 \times x + (7000 - 14 \times x) = 7000$(권)을 기부했습니다.

02 [풀이 1] $2400 < 2500 < 2900$이므로 병이 가진 돈이 가장 많고, 을이 가장 적습니다.

또 갑 + 병 $= 2900 \times 2 = 5800$,

갑 + 을 $= 2400 \times 2 = 4800$(원)이므로

두 식을 서로 빼면,

병 − 을 $= 2900 \times 2 - 2400 \times 2 = 1000$(원)입니다.

따라서 가장 많은 액수는 가장 적은 액수보다 1000원이 많습니다.

[풀이 2] 문제 조건에서

$$갑 + 을 = 2400 \times 2 \quad \cdots\cdots\cdots ①$$
$$을 + 병 = 2500 \times 2 \quad \cdots\cdots\cdots ②$$
$$갑 + 병 = 2900 \times 2 \quad \cdots\cdots\cdots ③ \ 입니다.$$

① + ② + ③하면

$2 \times (갑 + 을 + 병) = 2400 \times 2 + 2500 \times 2 + 2900 \times 2 = 15600$(원),

즉, 갑 + 을 + 병 $= 7800 \cdots\cdots\cdots ④$ 입니다.

④ − ①을 하면

병 $= 7800 - 2400 \times 2 = 7800 - 4800 = 3000$이고,

④ − ②를 하면

갑 $= 7800 - 2500 \times 2 = 7800 - 5000 = 2800$이고,

④ − ③을 하면

을 $= 7800 - 2900 \times 2 = 7800 - 5800 = 2000$입니다.

따라서 돈을 가장 많이 가진 병(3000원)은 가장 적게 가진 을(2000원)보다 $3000 - 2000 = 1000$(원)이 많습니다.

03 학년 전체 남학생 수를 x명, 여학생 수는 y명이라고 하여, 학년 전체의 총점으로 방정식을 세웁니다.

$$91 \times (x+y) = 93 \times x + 88 \times y$$

양변에서 $91 \times x + 88 \times y$를 빼면,

$(91-88) \times y = (93-91) \times x$

즉, $x = \{(91-88) \times y\} \div (93-91)$

$\qquad = 3 \times y \div 2 = 1.5 \times y$

입니다.

따라서 5학년 남학생 수는 여학생 수의 1.5배입니다.

04 [풀이 1] 문제의 조건에서

$$A + B + C = 80 \times 3$$
$$B + C + D = 85 \times 3$$
$$A + C + D = 83 \times 3$$
$$A + B + D = 82 \times 3 \ 입니다.$$

4개의 식을 서로 더하면

$3 \times (A+B+C+D) = (80+85+83+82) \times 3$

즉, $A + B + C + D = 80 + 85 + 83 + 82 = 330$(점)입니다.

따라서 A, B, C, D 4명의 평균점수는

$330 \div 4 = 82.5$(점)입니다.

[풀이 2] 4번의 평균점수 계산에서 각각의 수를 3번 계산했으므로, 4개의 평균의 합 가운데 각각의 수의 $\frac{1}{3}$을 3번 더하면 원래의 수가 됩니다. 따라서 A, B, C, D 4명의 점수의 합은 4명의 평균점수의 합과 같습니다. 그러므로 A, B, C, D 4명의 평균점수는

$(80 + 85 + 83 + 82) \div 4 = 82.5$(점)입니다.

05 [풀이 1] 문제의 조건에서 4번째 수는

$23 \times 4 + 34 \times 3 - 27 \times 6 = 32$입니다.

[풀이 2] 이 6개의 수를 차례로 a, b, c, d, e, f (4번째 수를 d라고 합니다.)라고 하면, 조건에서

$$a+b+c+d+e+f = 27 \times 6 \quad \cdots\cdots ①$$
$$a+b+c+d = 23 \times 4 \quad \cdots\cdots\cdots ②$$
$$d+e+f = 34 \times 3 \quad \cdots\cdots\cdots ③ \ 입니다.$$

② + ③ − ①을 하면

$d = 23 \times 4 + 34 \times 3 - 27 \times 6 = 32$입니다.

따라서 4번째 수는 32입니다.

서술형문제는 반드시 풀이를 확인하세요.

01 4550원 **02** 60.5 **03** 81점

04 (1) 62 (2) 100 **05** 78개

---

01 [풀이 1] 문제의 조건에서 남학생은 1인당 평균
$(4000 \times 2 + 5000 \times 3) \div 5 = 4600$(원)을 기부하였고,
여학생은 1인당 평균
$(6000 \times 1 + 4000 \times 3) \div 4 = 4500$(원)을 기부하였습니다.
남녀학생의 인원수가 같으므로 전교생의 1인당 평균 모금액은 $(4600 + 4500) \div 2 = 4550$(원)입니다.

[풀이 2] 남녀학생을 각각 x명이라고 하면, 전교생의 1인당 평균 모금액은

$\left\{ \left(4000 \times \dfrac{2}{5} \times x + 5000 \times \dfrac{3}{5} \times x \right) \right.$
$\left. + \left(6000 \times \dfrac{1}{4} \times x + 4000 \times \dfrac{3}{4} \times x \right) \right\} \div (x + x)$
$= \{ (4000 \times 0.4 + 5000 \times 0.6) + (6000 \times 0.25$
$+ 4000 \times 0.75) \} \times x \div (2 \times x)$
$= (1600 + 3000 + 1500 + 3000) \times x \div (2 \times x)$
$= (9100 \times x) \div (2 \times x) = 9100 \div 2 = 4550$(원)
입니다.

[주의] 만약 분수의 사칙연산을 알고 있다면 이 문제의 계산은 더욱 간단히 풀 수 있습니다.

02 4개의 수를 각각 A, B, C, D라고 한다면, 그 중 2개를 골라 더한 수에서 나머지 두 수의 평균을 뺐으므로
$\{A + B - (C + D) \div 2\} + \{A + C - (B + D) \div 2\}$
$+ \{A + D - (B + C) \div 2\} + \{B + C - (A + D) \div 2\}$
$+ \{B + D - (A + C) \div 2\} + \{C + D - (A + B) \div 2\}$
$= 3 \times (A + B + C + D) - 3 \times (A + B + C + D) \div 2$
$= 3 \times (A + B + C + D) - 1.5 \times (A + B + C + D)$
$= 1.5 \times (A + B + C + D)$ 입니다.
$1.5 \times (A + B + C + D)$
$= 43 + 53 + 57 + 63 + 69 + 78 = 363$이므로
$A + B + C + D = 363 \div 1.5 = 242$입니다.
따라서 4개의 수의 평균은 $242 \div 4 = 60.5$입니다.

03 [풀이 1] C, D, E 3명의 평균이 전체 평균보다 3점이 높으므로 $3 \times 4 = 12$점을 A, B의 평균에 더해서 5명의 평균점수를 구하면,
$(75 \times 2 + 3 \times 4) \div (5 - 3) = 81$(점)입니다.

[풀이 2] 5명의 평균점수를 x점이라고 하고, 총점으로 식을 세우면,
$5 \times x = 3 \times (x + 4) + 2 \times 75$
$x = 162 \div 2 = 81$(점)입니다.
따라서 5명의 평균점수는 81점입니다.

04 (1) [풀이 1] A, B의 평균이 C, D의 평균보다 2가 크므로 A, B의 평균은 $75 + 1 = 76$이고, C, D의 평균은 $75 - 1 = 74$입니다. 따라서
B $= 76 \times 2 - 90 = 62$입니다.

[풀이 2] 문제의 조건에서
A+B+C+D$=75 \times 4$ ····················· ①
(C+D)$\div 2 =$(A+B)$\div 2 - 2$,
즉, C+D=A+B-4 ··············· ②입니다.
②를 ①에 대입하면,
A+B+A+B$-4 = 75 \times 4$입니다.
따라서 A+B$= (75 \times 4 + 4) \div 2 = 152$입니다.
또 A$=90$이므로 B$= 152 -$A$= 152 - 90 = 62$입니다.

(2) 문제의 조건에서
A+B+C+D$= 84 \times 4 = 336$ ············· ①
A+B$= 72 \times 2 = 144$ ···················· ②
B+C$= 76 \times 2 = 152$ ···················· ③
B+D$= 80 \times 2 = 160$ ···················· ④
①+②+③+④이면,
$2 \times$(A+B+C+D)$+ 2 \times$B
$= 336 + 144 + 152 + 160 = 792$입니다.
①을 위의 식에 대입하면 $2 \times 336 + 2 \times$B$= 792$
B$= (792 - 2 \times 336) \div 2 = 60$입니다.
B$=60$을 ④에 대입하면 $60 +$D$= 160$입니다.
따라서 D$= 160 - 60 = 100$입니다.

05 문제의 조건에서 C, D는 모두
$(80 - 25) \times 2 = 110$개의 부품을 생산하였으므로,
A, B는 모두 $80 \times 4 - 110 = 210$(개)의 부품을 생산했습니다. 따라서 E는 $210 \div 3 = 70$(개)의 부품을 생산했습니다.
즉, 5명은 1인당 평균 $(80 \times 4 + 70) \div 5 = 78$(개)의 부품을 생산했습니다.

서술형문제는 반드시 풀이를 확인하세요.

1 22.4		**2** 81	
3 1.4점 올랐습니다.		**4** 15	
5 78		**6** 7, 4	
7 을(을이 갑보다 0.01점 높습니다)			
8 38		**9** 23	

01 [풀이 1] B 그룹의 평균을 x라고 하면, A 그룹의 평균은 $2x$가 됩니다. 두 그룹의 평균의 합이 48이므로 방정식을 세우면,

$x + 2x = 48$, $x = 48 \div (2+1) = 16$입니다.

즉, 이 15개 수의 총합은 $2 \times 16 \times 6 + 16 \times 9 = 336$입니다.

따라서 15개 수의 평균은 $336 \div 15 = 22.4$입니다.

[풀이 2] B그룹의 평균은 $48 \div (2+1) = 16$이므로, A그룹의 평균은 $2 \times 16 = 32$입니다. 그 다음 과정은 **풀이 1**과 같습니다.

02 [풀이 1] 6번째부터 9번째까지 평균이 앞의 5번의 시험보다 1.4점이 높으므로 총점은

$(428 \div 5 + 1.4) \times 4 = 348$(점)이고, 만약 10번째 $428 - 348 = 80$(점)을 받는다면, 앞의 5번과 나중 5번의 총점이 같아집니다. 따라서 10번째 80점을 받으면 나중 5번의 평균점수는 바로 전체 10번의 평균점수와 같습니다. 따라서 나중 5번의 평균점수가 전체 10번의 평균점수보다 높으려면, 10번째 시험에서 최소한 81점을 받아야 합니다.

[풀이 2] 10번째 시험점수를 x점이라고 합니다. 나중 5번의 평균점수가 전체 10번의 평균점수와 같게 방정식을 세우면,

$\{x + (428 \div 5 + 1.4) \times 4\} \div 5$
$= \{428 + (428 \div 5 + 1.4) \times 4 + x\} \div 10$

입니다.

양변에 10을 곱하면,

$2(x + 87 \times 4) = 428 + 87 \times 4 + x$
$2x + 2 \times 87 \times 4 = 428 + 87 \times 4 + x$
$2x - x = 428 + 87 \times 4 - 2 \times 87 \times 4$
$x = 80$입니다.

따라서 나중 5번의 평균점수가 전체 10번의 평균점수보다 높으려면, 10번째 시험에서 적어도 81점을 받아야 합니다.

03 문제의 조건에서 나중 4번의 총점은 $4(a+3)$점이므로, 처음 2번의 점수의 합은

$6a - 4(a+3) = 2a - 12$입니다.

두 번째는 첫 번째보다 2점이 높으므로 첫 번째, 두 번째의 점수는 각각 $a-7$, $a-5$입니다.

따라서 나중 5번의 평균점수는

$\{4(a+3) + (a-5)\} \div 5 = a + 1.4$입니다.

$(a + 1.4) - a = 1.4$이므로, 나중 5번의 평균점수는 a보다 1.4점이 높습니다.

04 앞의 4명의 평균점수를 a, 뒤의 4명의 평균점수를 b, 중간의 1명(즉 5등)의 점수를 c라고 합니다. 그렇다면

$(4a + c) \div 5 = a - 1$, 즉 $4a + c = 5(a-1)$ ····· ①
$(4b + c) \div 5 = b + 2$, 즉 $4b + c = 5(b+2)$ ····· ②

입니다.

①−②하면 $4a - 4b = 5(a-1) - 5(b+2)$입니다.

따라서 $4(a-b) = 5(a-b) - 15$

양변에 $15 - 4(a-b)$를 더하면,

$15 = 5(a-b) - 4(a-b)$

따라서 $a - b = 15$(점)입니다.

즉, 앞의 4명의 평균점수는 뒤의 4명의 평균점수보다 15점이 높습니다.

05 7명의 평균점수는 78점이고 각각 다른 점수를 받은 5명의 평균점수는 80점이므로, 점수가 같은 학생 3명의 점수는 $(78 \times 7 - 80 \times 5) \div 2 = 73$(점)입니다.

따라서 동훈이의 점수는 전체 총점에서 최고득점, 최저득점, 승엽이, 동점자 3명의 점수를 빼야 합니다.

즉, $78 \times 7 - 97 - 64 - 88 - 73 \times 3 = 78$(점)이라는 것을 알 수 있습니다.

06 총점을 구하면,

$0 \times 4 + 1 \times 7 + 2 \times 10 + 3A + 4 \times 8 + 5B = 2.5 \times 40$

간단히 하면, $3A + 5B = 41$ ············· ①입니다.

총 인원수가 $4 + 7 + 10 + A + 8 + B = 40$이므로,

간단히 하면, $A + B = 11$ ············· ②

즉, $3A + 3B = 33$ ·················· ③입니다.

①−③이면 $2B = 41 - 33$, $B = (41 - 33) \div 2 = 4$입니다.

$B = 4$를 ②에 대입하면 $A = 11 - B = 11 - 4 = 7$입니다.

따라서 3점을 받은 학생은 7명, 5점을 받은 학생은 4명입니다.

07 문제의 조건에서 을의 총점은 갑보다
$(9.76-9.75)\times10=0.1$(점) 높고, 을의 최고점수와 최저점수의 합은 갑보다
$(9.84-9.83)\times2=0.02$(점) 많습니다. 따라서 최고점수와 최저점수를 뺀 후 최종점수는 을이 갑보다
$0.1-0.02=0.08$(점) 높습니다.

즉, 최종점수는 을이 갑보다 $0.08\times8=0.01$(점) 높습니다. 답은 을입니다.

08 1조의 남학생을 x명, 여학생을 y명이라고 하고, 2조의 남학생을 x_1명, 여학생을 y_1명이라고 가정합니다. 조건에 의하면,

$71x+78y=76(x+y)$, 즉 $5x=2y$, ······ ①
$76x_1+93y_1=84(x_1+y_1)$,
즉 $8x_1=9y_1$, ··················· ②
$71x+76x_1=74(x+x_1)$, 즉 $3x=2x_1$ ····· ③

입니다.

x, y, x_1, y_1이 모두 자연수이므로
①에서 (2, 5는 서로 나누어떨어지지 않으므로) 아래의 경우만 가능합니다.

$y=5, 10, 15, 20, 25, 30, \cdots$

이때 $x=2, 4, 6, 8, 10, 12, \cdots$

③에서 $x_2=3, 6, 9, 12, 15, 18, \cdots$

②에서 $y_1=\times, \times, 8, \times, \times, 16, \cdots$

위의 값에서 $y=15, x=6, x_1=9, y_1=8$일 때,
$y=30, x=12, x_1=18, y_1=16$일 때, $\cdots$ 위의 ①, ②, ③식을 동시에 성립시킵니다.(즉, 문제에서의 표의 조건을 만족시킵니다.) 그러나 $y=15, x=6$, $x_1=9, y=81$일 때만 60명을 넘지 않는 반이라는 조건에($15+6+9+8=38<60$이고,
$30+12+18+16>60$이므로)맞습니다.

따라서, 이 반의 학생은 38명입니다.

09 이 4개의 수를 큰 수에서 작은 수의 순서대로 a, b, c, d라고 놓습니다. 문제에서 가장 작은 수와 다른 수 3개의 평균의 합은 17이라고 하였으므로, 등식을 세우면

$(a+b+c)\div3+d=17$

양변에 3을 곱하면, $a+b+c+3d=51$입니다. ·· ①
마찬가지로 $3a+b+c+d=87(29\times3=87)$ 입니다.················· ②

②−①하면 $2a-2d=36$이고, ················ ③

즉, $a-d=18$, $a=18+d$입니다.

$b>c>d$이므로, $a\geq d+2, c\geq d+1$(b, c, d는 모두 자연수이므로)이고, 따라서

$a+b+c+3d-21\geq(18+d)+(d+2)+(d+1)$
$+3d-21=6d$입니다.

①식에 따라 $6d\leq51-21=30$입니다.

따라서 $d\leq5$이므로 $a=18+d\leq18+5=23$을 구할 수 있습니다.

식을 계산해보면 a, b, c, d가 순서대로 23, 7, 6, 5일 때, 문제의 조건에 맞습니다. (즉 ①과 ②를 만족시킵니다.) 그러므로 가장 큰 수 a의 최댓값은 23입니다.

서술형문제는 반드시 풀이를 확인하세요.

01 156cm^2, 80cm^3

02 (1) 500cm^3 (2) 72cm^2 (3) 432cm^2

03 (1) 336cm^3 (2) 374cm^3 (3) 480cm^3 (4) 6cm^3

04 (1) 86개   (2) 61개, 16개

05 8

---

01 겉넓이＝(앞면, 뒷면＋두 옆면＋아랫면＋윗면)의 넓이입니다.

앞면, 뒷면의 넓이＝$2 \times \{2 \times 2.5 + 1 \times (2 \times 1.5 + 2)\}$
$=20(\text{cm}^2)$입니다.

두 옆면의 넓이＝$2 \times (8 \times 2.5 + 1 \times 8) = 56(\text{cm}^2)$입니다.

아랫면의 넓이＝$2 \times 8 + 2 \times (1.5 \times 8) = 40(\text{cm}^2)$입니다.

윗면의 넓이＝$(2 \times 1.5 + 2) \times 8 = 40(\text{cm}^2)$이므로 입체도형의 겉넓이
$=20 + 56 + 40 + 40 = 156(\text{cm}^2)$입니다.

또, 입체도형의 부피
$=8 \times (1.5 + 2 + 1.5) \times 1 + 8 \times 2 \times 2.5 = 40 + 40$
$=80(\text{cm}^3)$입니다.

02 (1) 옆면을 펼치면 한 변의 길이가 20cm인 정사각형이 되므로, 직육면체의 밑면인 정사각형의 한 변의 길이는 $20 \times 4 = 5(\text{cm})$이고 높이는 20cm입니다. 따라서 이 직육면체의 부피는
$5 \times 5 \times 20 = 500(\text{cm}^3)$입니다.

(2) 정육면체의 한 면의 넓이는 $54 \div 6 = 9(\text{cm}^2)$이고, 자른 후 넓이는 $9 \times 2 = 18(\text{cm}^2)$증가하므로, 자른 후 2개의 직육면체의 넓이의 합은
$54 + 18 = 72(\text{cm}^2)$입니다.

(3) 작은 정육면체 27개로 자른 후, 잘라서 새로 생긴 면의 넓이는 바로 이 작은 정육면체 중에서 칠해지지 않은 면의 넓이입니다. 잘라서 새로 생긴 넓이는 큰 정육면체 넓이의 12배(6번 자르면 한 번 자를 때마다 양면으로 $6 \times 2 = 12$(면)이 생기기 때문입니다.)이므로 작은 정육면체들 가운데 칠해지지 않은 부분의 넓이의 합은
$(6 \times 6) \times 12 = 432(\text{cm}^2)$입니다.

03 (1) 직육면체의 가로, 세로, 높이를 각각 a, b, c라고 하면, $ac + bc = (a+b)c = 90$입니다.
$90 = 15 \times 6 = (8+7) \times 6$이므로 직육면체의 부피는 $abc = 8 \times 7 \times 6 = 336\text{cm}^3$입니다.

(2) 직육면체의 가로, 세로, 높이를 각각 a, b, c라고 하면, $bc + ac = 209$, 즉 $(a+b)c = 209$이고, $209 = 11 \times 19 = 11 \times (17+2)$입니다.
a, b, c가 소수이므로 $c=11$, $a=17$, $b=2$입니다. 따라서 직육면체의 부피는
$abc = 17 \times 2 \times 11 = 374(\text{cm}^3)$입니다.

(3) 직육면체의 가로, 세로, 높이를 각각 a, b, c라고 하면, $ab=96$, $bc=40$, $ac=60$입니다.
세 식을 서로 곱하면,
$(abc)^2 = 96 \times 40 \times 60 = (5 \times 8 \times 12)^2$입니다.
따라서 직육면체의 부피
$abc = 5 \times 8 \times 12 = 480(\text{cm}^3)$입니다.

[주의] 또 $ab = 96 = 12 \times 8$, $bc = 40 = 8 \times 5$, $ac = 60 = 12 \times 5$로 $a=12$, $b=8$, $c=5$를 구할 수 있습니다. 따라서 $abc = 12 \times 8 \times 5 = 480(\text{cm}^3)$입니다.

(4) 직육면체의 세 모서리를 각각 a, b, c라고 하면, ab, ac, bc는 각각 2, 3, 6이므로
$ab \times ac \times bc = 2 \times 3 \times 6$, 즉 $(abc)^2 = 6^2$입니다.
따라서 직육면체의 부피 $abc = 6(\text{cm}^3)$입니다.

[주의] 문제에서 모서리의 길이를 자연수로 제한하지 않았으므로 $2 = 1 \times 2$, $3 = 1 \times 3$, $6 = 2 \times 3$이기 때문에 a, b, c가 각각 1, 2, 3(cm)으로 단정지을 수는 없습니다.

04 (1) 문제 그림에서 작은 정육면체는 $10 \times 5 \times 2 = 100$(개)입니다. 여기에서 $7 \times 2 = 14$(개)를 꺼냈으므로, 작은 정육면체는 $100 - 14 = 86$(개)가 남았습니다.

(2) 우선 밑면의 $3 \times 2 \times 2$인 직육면체의 상황만 생각해 봅니다. 여기에서 직육면체(정육면체 포함)는
$(4 \times 3 \div 2) \times (3 \times 2 \div 2) \times (3 \times 2 \div 2) = 54$(개)이고, 정육면체는 $3 \times 2 \times 2 + 2 \times 1 \times 1 = 14$(개)입니다.
다음으로 윗면의 $1 \times 2 \times 1$인 직육면체가 더해진 상황을 생각해 봅시다. 이 직육면체가 더해진 후 그 밑면의 작은 정육면체 2개와 함께 새로운 직육면체와 정육면체가 생겼습니다. 새로 생긴 직육면체(정육면체 포함)는 $5 \times 4 \div 2 - 3 \times 2 = 7$(개)이고, 새로 생긴 작은 정육면체는 2개입니다.
따라서 직육면체는 $54 + 7 = 61$(개)이고, 정육면체는 $14 + 2 = 16$(개)입니다.

---

05 작은 정육면체로 자른 후, 한 면이 칠해진 작은 정육면체는 $6 \times (n-2)^2$개이고, 칠해지지 않은 작은 정육면체는 $(n-2)^3$개입니다. 따라서 조건에 따라 식을 세우면 $(n-2)^3 = 6 \times (n-2)^2$입니다.

양 변을 모두 $(n-2)^2$로 나누면

$n-2 = 6$입니다. 따라서 $n=8$입니다.

즉, $n=8\text{cm}$입니다.

| 연습문제 04 | B형 | 52~53쪽 |

서술형문제는 반드시 풀이를 확인하세요.

01 34.2cm^2, 7.6cm^3 **02** 72cm^2

03 1036개 **04** 5

05 4개

01 입체도형의 겉넓이
$= 2 \times (1 \times 1.5 + 3^2 - 1^2) + 2 \times (3+1.5) \times 0.8$
$\quad + 2 \times (3 \times 0.8) + (1+1+1+1) \times 0.8$
$= 19 + 7.2 + 4.8 + 3.2$
$= 34.2(\text{cm}^2)$이고,
입체도형의 부피 $= (1 \times 1.5 + 3^2 - 1^2) \times 0.8 = 7.6(\text{cm}^3)$
입니다.

02 8개의 꼭짓점에 있는 작은 정육면체가 겉넓이가 3cm^2이고, 각 모서리의 중간에 있는 작은 정육면체의 겉넓이가 4cm^2이므로 전체 겉넓이는
$3 \times 8 + 4 \times 12 = 72(\text{cm}^2)$입니다.

03 모서리의 길이가 모두 1인 작은 정육면체로 자른 후 한 면만 빨간 색으로 칠해진 작은 정육면체는
$4 \times \{(16-1) \times (16-2)\} + (16-2)^2$
$= 4 \times 15 \times 14 + 14 \times 14 = 1036(\text{개})$입니다.

04 $14 = 1 \times 1 \times 14$ 또는 $1 \times 2 \times 7$입니다.

35, 33, 24는 모두 14의 배수가 아니므로,

$1 \times 1 \times 14$개의 작은 직육면체로 자를 수 없고, $1 \times 2 \times 7$로 밖에 자를 수 없습니다. (자른 후 남는 부분이 없어야 하기 때문입니다.)

35는 7의 배수이므로 작은 직육면체 가로는 7cm(세로는 2cm, 높이는 1cm)입니다. 따라서 원래의 직육면체 가로는 $35 \div 7 = 5$개의 모서리로 나누어졌습니다.

05 큰 정육면체의 한 옆면의 정사각형을 잘라내면 직육면체가 됩니다. 이 직육면체의 가로, 세로, 높이는 큰 정육면체 모서리 길이보다 최대 2만큼 작습니다.

$45 = 5 \times 3 \times 3$이므로 큰 정육면체의 모서리의 길이는 반드시 5입니다.

큰 정육면체에서 색이 칠해지지 않은 한 쌍의 마주보는 면을 제외하고 그 나머지 4면이 모두 칠해져 있을 때, 칠해지지 않은 정육면체는 $(5 \times 3 \times 3) = 45(\text{개})$입니다.

따라서 큰 정육면체에서 칠해진 면은 4개입니다.

연습문제 05 A형 59~60쪽

서술형문제는 반드시 풀이를 확인하세요.

01 (1) N^5 (2) 361 **02** (1) 30 (2) 1037

03 46 **04** 259

05 (1) 33개 (2) 571개 (3) 25개

01 (1) 자연수 N의 약수는 모두 짝을 이루어 나타나며, 각 약수 1쌍의 곱은 모두 N이 됩니다. 예를 들어 $18=1\times18=2\times9=3\times6$입니다. 따라서 N의 약수 10개는 5쌍으로 나눌 수 있으며, 각 1쌍의 곱은 N입니다. 따라서 이 10개의 약수의 곱은 N^5입니다.

즉, a가 A의 한 약수라면 $(A\div a)\times a=A$이므로 $(A\div a)$역시 A의 한 약수입니다. 따라서 약수는 짝을 이루어 나타나고, 그 수들의 곱$(A\div a\times a=A)$은 바로 자기 자신입니다.

(2) 약수가 3개인 수는 반드시 어느 한 소수의 제곱입니다. 300~400 사이의 수 가운데 $361=19^2$(19는 소수)뿐이므로 구하려는 수의 총합은 361입니다.

[설명] $17^2=289$, $19^2=361$, $23^2=529$이므로 300~400 사이의 소수의 제곱은 361밖에 없습니다.

02 (1) 2, 3, 5는 소수이므로 문제의 조건을 만족하는 수는 (2×3×5의 배수 즉, $30\times k$)(k는 자연수) 형식의 수입니다.

따라서 가장 작은 자연수는 $30\times1=30$입니다.

(2) 각 자리 숫자가 모두 다른 가장 작은 네 자리 수는 1023이고, 17로 나눈 나머지는 3이므로 1023에 $17-3=14$를 더한 $1023+14=1037$은 17로 나누어떨어집니다. 따라서 조건에 맞는 가장 작은 수는 1037입니다.

03 몫이 모두 같으므로 이 몫을 x라고 하면, 이 3개의 수는 각각 $3x$, $5x$, $7x$입니다. 이 3개의 수의 합이 555이므로 방정식을 세우면,

$3x+5x+7x=555$,

$x=555\div(3+5+7)=37$입니다.

따라서 가장 큰 수는 $7\times37=259$입니다.

04 (1) 2, 3, 5가 서로소이므로 동시에 2, 3, 5로 나누어떨어지는 수는 반드시 $2\times3\times5=30$으로 나누어떨어집니다. 따라서 $[1000\div30]=33$이므로 모두 33개입니다.

(2) 1부터 2016까지의 자연수 가운데 2로 나누어떨어지는 수는 $[2016\div2]=1008$(개)입니다.

이 1008개 가운데 3으로 나누어떨어지는 수는 $[1008\div3]=336$(개)입니다.

이 1008개 가운데 7로 나누어떨어지는 수는 $[1008\div7]=144$(개)입니다.

이 1008개 가운데 3과 7로 나누어떨어지는 수는 $[1008\div(3\times7)]=48$(개)입니다.

따라서 1부터 2016까지의 자연수 가운데 2로 나누어떨어지지만 3이나 7로는 나누어떨어지지 않는 수는 $1008-(336+144)+48=576$(개)입니다.

(3) $2\times5=10$이고, $2<5$이므로 이 곱한 값 가운데 2를 포함한 수가 5를 포함한 수보다 많습니다. 따라서 이 연달아 곱한 값 가운데 5를 포함한 수(곱한 값의 끝부분에 연속한 0의 개수)만 살펴보면 됩니다. 200!에서 5를 포함한 개수는

$$\left[\frac{200}{5}\right]+\left[\frac{200}{5^2}\right]+\left[\frac{200}{5^3}\right]=40+8+1=49(개)$$

이고, 100!에서 5를 포함한 개수는 $\left[\dfrac{100}{5}\right]+\left[\dfrac{100}{5^2}\right]$

$=24$(개)이므로 $101\times102\times\cdots\times199\times200$에서 5를 포함한 개수는 $49-24=25$(개)입니다.

따라서 이 연달아 곱한 값의 끝부분에는 25개의 연속한 0이 있습니다.

서술형문제는 반드시 풀이를 확인하세요.

01 (1) $a=4$, $b=2$　　(2) 87
02 (1) 195와 591　　(2) 333667
03 (1) 66, 1950　　(2) 23
04 (1) 18　　(2) 32
05 57

01 (1) $\overline{xyzxyz}=\overline{xyz}\times1001$, $1001=7\times11\times13$이므로 $\overline{xyzxyz}$은 77로 나누어떨어집니다. 따라서 문제에서 주어진 조건에 따라 $\underbrace{\overline{a6ba6b}\cdots\overline{a6b}}_{\overline{a6b}가\ 1002개}$는 77로 나누어떨어집니다.

$77\times6=462$의 십의 자릿수가 6이고 세 자리 수이므로 $a=4$, $b=2$입니다.

(2) [풀이1] 3을 더하면 5의 배수가 되고, 3을 빼면 6의 배수가 되는 가장 작은 수는 27이며, 27에 다시 $5\times6=30$의 배수를 더하여도 문제에서 주어진 조건에 맞습니다. 따라서 $27+30\times k>60$이고, $27+30\times k$가 두 자리 수가 되려면 $k=2$입니다. 즉, 구하려는 수는 $27+30\times2=87$입니다.

[풀이2] 두 자리 자연수를 $\overline{ab}$라고 하면 $\overline{ab}+3=5\times n$, $\overline{ab}-3=6\times m$($n$, m은 자연수)이고, $5\times n-3=6\times m+3$, 즉 $5\times n=6\times(m+1)$입니다.

식을 계산하면, $n=18$일 때 자연수 m은 위의 식에 맞고, $5\times18-3=87$는 두 자리 수가 됩니다. 따라서 구하려는 두 자리 수 $\overline{ab}=5\times18-3=87$입니다.

02 (1) $115245=3^2\times5\times13\times197$
$\qquad\quad=(3\times5\times13)\times(3\times197)=195\times591$,
확실히 195와 591은 일의 자릿수와 백의 자릿수가 대칭입니다.
따라서 2개의 세 자리 수는 195와 591입니다.

(2) $a\times333=3\times a\times111$이므로 $3\times a\times111$의 곱의 각 자릿수가 모두 1이 되려면 $3\times a=1001001\cdots1001$ 밖에 없습니다. 이러한 수 가운데 가장 작은 수는 1001001입니다. 즉, 이 수는 3의 배수이고, $3\times a=1001001$일 때,
$a\times333=1001001\times111=111111111$입니다.
따라서 최솟값은 $a=111111111\div333=333667$입니다.

03 (1) 문제의 조건에서 $2016=11\times n+13\times m$이고, 여기에서 n, m은 자연수입니다.

11의 배수이면서 가장 작은 수를 $n=1$부터 시작하여 계산하면, $n=6$일 때 $2016-11\times6=1950$은 13의 배수입니다.

따라서 이 두 수는 각각 66, 1950입니다.

(2) $20\times a-1=153\times q$라고 하면 여기에서 a는 자연수이고, q는 이 자연수의 20배에서 1을 빼고 153으로 나눈 몫(역시 자연수)이므로 $20\times a=153\times q+1$입니다. 이 식의 좌변이 10의 배수이면 우변의 q의 일의 자릿수는 반드시 3입니다. 문제에서 구하려는 것은 가장 작은 수이므로 $q=3$입니다.

따라서 구하려는 가장 작은 자연수는 $(153\times3+1)\div20=23$입니다.

04 (1) 1부터 2016 사이의 자연수 가운데 30으로 나누어떨어지는 수는 $\left[\dfrac{2016}{37}\right]=54$(개)이고, 순서대로 37의 1, 2, 3, $\cdots$, 54의 각각의 배수입니다.

37은 소수이므로 원래 문제를 '1부터 54 사이에서 2나 3으로 나누어떨어지지 않는 수의 개수를 구하시오.'로 바꿀 수 있습니다.

$\left[\dfrac{54}{2}\right]=27$, $\left[\dfrac{54}{3}\right]=18$, $\left[\dfrac{54}{2\times3}\right]=9$이므로 1부터 54 사이에서 27개의 수는 2로 나누어떨어지고, 18개의 수는 3으로 나누어떨어지고, 9개의 수는 동시에 2와 3으로 나누어떨어집니다.

따라서 1부터 54 사이에서 2나 3으로 나누어떨어지지 않는 수는 $54-(27+18)+9=18$(개)입니다.

즉, 1부터 2016 사이에서 문제의 조건에 맞는 수는 18개입니다.

(2) $270=2\times3^3\times5$입니다. $2<5<3^3$이므로 200! 중에서 3^3을 포함한 개수는 2와 5를 포함한 개수보다 적습니다. 따라서 n은 200! 중에 3^3을 포함한 개수와 같습니다.

200! 중에서 3을 포함한 개수는
$\left[\dfrac{200}{3}\right]+\left[\dfrac{200}{3^2}\right]+\left[\dfrac{200}{3^3}\right]+\left[\dfrac{200}{3^4}\right]+\left[\dfrac{200}{3^5}\right]$
$=66+22+7+2+0=97$(개)입니다.
따라서 200!중에서 3^3을 포함한 개수는
$\left[\dfrac{97}{3}\right]=32$(개)입니다.

따라서 가장 큰 자연수 n의 값은 32입니다.

05 이 4개의 수를 $10 \times a + b$, $10 \times c + d$, $10 \times e + f$, g 라고 합니다. 여기에서 a, b, c, d, e, f, g는 1부터 7 사이의 7개의 숫자(모두 다른 숫자)이고 더한 값이 100이므로 $10 \times (a + c + e) + b + d + f + g = 100$ 입니다.

따라서 이 수들의 일의 자릿수의 합($s = b + d + f + g$)은 반드시 10의 배수입니다.

$1 + 2 + \cdots + 7 = 28$이므로 만약 일의 자릿수의 합 $s = 10$이라면 십의 자릿수의 합은 반드시 $28 - 10 = 18$입니다. 이때, 4개의 수의 합은 190으로, 100이 아니므로 문제의 조건에 맞지 않습니다.

만약 $s = 20$이라면 십의 자릿수의 합은 $28 - 20 = 8$입니다. 이때, 1부터 7사이에서 3개 수의 합이 8인 것은 $1 + 2 + 5$ 또는 $1 + 3 + 4$뿐입니다. 따라서

(1) 3개 수의 십의 자릿수가 1, 2, 5일 때, 4개의 일의 자릿수는 3, 4, 6, 7이고, 이때 문제의 조건에 맞는 가장 큰 두 자리 수는 57입니다.

(2) 3개 수의 십의 자릿수가 1, 3, 4일 때, 4개의 일의 자릿수는 2, 5, 6, 7이고, 이때 문제의 조선에 맞는 가장 큰 두 자리 수는 47입니다.

따라서 문제의 조건에서 가장 큰 두 자리 수의 최댓값은 57입니다.

06장 나누어떨어짐(Ⅱ)

서술형문제는 반드시 풀이를 확인하세요.

01 (1) 1035 (2) 358020
02 (1) 39675 (2) 8880
03 (1) 1 (2) 1020
04 (1) 8899 (2) 667800
05 8가지

---

01 (1) [풀이1] 문제에서 구해야 하는 수는 가장 작은 네 자리수이므로 이 네 자리 수는 $\overline{1abc}$(천의 자릿수는 1)입니다. $45 = 5 \times 9$이므로 $\overline{1abc}$가 45로 나누어떨어지려면 반드시 5와 9로 나누어떨어져야 합니다. $\overline{1abc}$가 5로 나누어떨어지므로 $c = 0$ 또는 5입니다.

$\overline{1abc}$는 9로 나누어떨어지므로 $1 + a + b + c$는 9의 배수입니다. 따라서 $1 + a + b + 0 = a + b + 1$이나 $1 + a + b + 5 = a + b + 6$이 9의 배수라면 $a + b = 8$, $17(c = 0$일때)이거나 3, $12(c = 5$일 때)입니다. 문제에서 구해야 하는 것은 가장 작은 네 자리 수이므로 a는 0이고, 이때 가장 작은 $b = 3$ ($c = 5$)입니다. 따라서 가장 작은 네 자리 수는 1035입니다.

[풀이2] $1000 \div 45 = 22 \cdots\cdots 10$이므로 $1000 + (45 - 10) = 1035$입니다.

(2) 이 여섯 자리 수를 $\overline{358abc}$라고 합니다. 이 수가 4, 5로 나누어떨어지고, 또 4와 5는 서로소이므로 $20 \mid \overline{358abc}$입니다. 따라서 $c = 0$이고 b는 짝수입니다.

$3 \mid \overline{358ab0}$에서 $3 \mid (3 + 5 + 8 + a + b + 0)$ 즉, $3 \mid (a + b + 1)$입니다. 즉, 가장 작은 수라는 조건에서 $a + b = 2$이고 $a = 0$, $b = 2$입니다.

따라서 이러한 여섯 자리 수 가운데 가장 작은 수는 358020입니다.

02 (1) [풀이] 다섯 자리 수를 $\overline{3a6b5}$라고 하고, $75 = 3 \times 25$입니다. 다섯 자리 수 $\overline{3a6b5}$가 75로 나누어떨어지려면 반드시 25와 3으로 나누어떨어져야 합니다.

25로 나누어떨어지므로 $\overline{b5}$는 75 또는 25입니다. 즉, $b = 7$ 또는 2입니다.

3으로 나누어떨어지므로 $3+a+6+b+5=14$ $+a+b$는 3으로 나누어떨어집니다. 따라서 $a+b$ 는 1, 4, 7, 10, 13, 16(a, b는 한 자리 수이므로 19 이상의 수가 될 수 없습니다.)만 가능합니다.

$b=7$일 때, a는 0, 3, 6, 9만 가능합니다.

$b=2$일 때, a는 2, 5, 8만 가능합니다.

따라서 구하는 다섯 자리 수(75로 나누어떨어지는 3□6□5형식의 다섯 자리 수)는 30675, 33675, 36675, 39675, 32625, 35625, 38625입니다.

그 중 가장 큰 수는 39675입니다.

[풀이2] $39695 \div 75 = 529 \cdots\cdots 20$이므로 $39695 - 20 = 39675$가 구하는 수입니다.

(2) $15 = 3 \times 5$이고, A의 각 자릿수는 0과 8이므로 A 가 15의 배수라면, 마찬가지로 5의 배수가 됩니다. 따라서 A의 일의 자릿수는 0만 가능합니다.(8이 올 수 없습니다.)

A는 $15 = 3 \times 5$의 배수이므로 3의 배수가 됩니다. 따라서 일의 자릿수가 0인 자연수 중에서 0 앞의 숫자의 합은 3의 배수입니다. 그러므로 가장 작은 수는 십, 백, 천의 자릿수가 모두 8(동시에 3의 배수)인 네 자리 수 8880(조건에 맞는 그 밖의 숫자는 0이나 8의 두 자리, 세 자리와 네 자리 수가 모두 3의 배수가 될 수 없습니다.)입니다.

따라서 A의 최솟값은 8880입니다.

03 (1) 덧붙인 세 자리 수의 합이 최소가 되고, 일곱 자리 수가 4와 5로 나누어떨어지려면 덧붙인 세 자리 수는 000이나 100만 가능합니다. (020과 비교하면, $0+2+0>1+0+0$입니다.) 그리고 1997000과 1997100 중에서 1997100만 6으로 나누어떨어집니다. 따라서 덧붙인 숫자 3개의 합의 최솟값은 1 입니다.

(2) [풀이1] 이 네 자리 수를 $\overline{1abc}$라고 하고, 동시에 2, 3, 5로 나누어떨어질 때, 2, 3, 5는 서로소이므로 이 수는 $2 \times 3 \times 5 = 30$으로 나누어떨어집니다. 따라서 $\overline{1abc} = 30 \times k$($k$는 자연수)입니다. 즉 $c=0$이고, $1+a+b+0$는 3의 배수입니다. 구하려는 답이 가장 작은 수이므로 $1+a+b+0=3$, 즉 $a+b=2$입니다. 따라서 가장 작은 네 자리 수는 1020입니다.

[풀이2] $1000 \div (2 \times 3 \times 5) = 33 \cdots\cdots 10$이므로 구하려는 가장 작은 네 자리 수는 $1000 + (2 \times 3 \times 5 - 10) = 1020$입니다.

04 (1) 네 자리수는 $\overline{abcd}$라고 합니다. a, b, c, d는 한 자리 숫자이므로 $a+b+c+d \leq 4 \times 9 = 36$입니다. 조건에서 $17 \mid (a+b+c+d)$이므로 $a+b+c+d = 17$ 또는 34입니다.

또 이 네 자리 수에 1을 더한 후에도 각 자릿수의 합은 17로 나누어떨어지므로 자릿수를 고려하면 이때의 각 자릿수의 합은 17만 가능합니다. 또 마지막 두 자리가 00이 되려면, 처음의 네 자리 수 중 가장 작은 수는 8899입니다.

(2) [풀이1] 25로 나누어떨어지므로 여섯 자리 수의 마지막 두 자리에는 00, 25, 50, 75만 올 수 있습니다. 이 수는 8로 나누어떨어지므로 마지막 세 자리는 반드시 8로 나누어떨어져야 합니다.

800, 825, 850, 875 중 800만 8로 나누어떨어집니다. 이 수는 또 9로 나누어떨어져야 하므로 각 자릿수의 합이 9로 나누어떨어집니다.

즉 (십만 자릿수)$+6+7+8+0+0=$(십만 자릿수)$+21$은 9의 배수입니다. 따라서 (십만 자릿수)$=6(6+21=27$은 9의 배수이므로)입니다. 따라서 구해야 하는 여섯 자리 수는 667800입니다.

[풀이2] 여섯 자리 수가 8과 25로 동시에 나누어떨어지고, 8과 25는 서로소이므로 이 여섯 자리 수는 반드시 $8 \times 25 = 200$으로 나누어떨어집니다.

따라서 이 여섯 자리 수의 일, 십의 자릿수는 모두 0입니다. [풀이1]과 마찬가지로 이 수는 9로 나누어떨어지므로 십만 자릿수는 6입니다. 따라서 여섯 자리 수는 667800입니다.

05 $12 = 3 \times 4$이므로 12로 나누어떨어지면 3으로도 나누어떨어지고 4로도 나누어떨어집니다. 3으로 나누어떨어지려면 $1+0+8+2+$□$+$□이 3으로 나누어떨어져야 하므로, $11+$□$+$□가 3의 배수입니다.

따라서 □$+$□는 3으로 나누면 나머지가 1이어야 합니다.

또, 4로 나누어떨어지려면 끝의 두 자리는 4로 나누어떨어집니다.

위의 2가지 조건을 분석하면 끝의 두 자릿수는 04, 16, 28, 40, 52, 64, 76, 88로 모두 8가지 경우가 있습니다.

01 (1) 768768   (2) 2035

02 (1) 8880707

(2) 2 또는 9

03 7   **04** 71(개)

05 4876391520

---

01 (1) $168 = 3 \times 7 \times 8$입니다. $6+6+7+7+8+8=42$이고, $3 \mid 42$이므로 3은 6, 7, 8을 2번씩 사용한 여섯 자리 수를 나누어떨어지게 합니다.

또 $7 \mid \overline{abcabc}$이고, $\overline{abcabc} = \overline{abc} \times 10^3 + \overline{abc}$, $8 \mid 10^3$이므로 $8 \mid \overline{abc}$만 구하면 됩니다.

6, 7, 8을 2번씩 사용한 6개의 가능한 세 자리 수를 살펴보면 768만 8로 나누어떨어지므로 구하는 수는 768768입니다.

(2) 11로 나누어떨어지는 특징은 다음과 같습니다.

홀수 자릿수의 합과 짝수 자릿수의 합의 차(큰 수－작은 수)가 11로 나누어떨어지면 이 수는 11로 나누어떨어집니다. 또는 끝의 세 자릿수와 그 세 자릿수 앞의 숫자의 차(큰 수－작은 수)가 11로 나누어떨어지면 이 수는 11로 나누어떨어집니다.

가장 작은 수라는 조건에서 구하려는 네 자리 수의 천의 자릿수는 반드시 2이어야 합니다.

나머지 3개의 숫자는 위에서 설명한 특징과 가장 작은 수라는 조건에 의해 0, 3, 5($(2+3)-(0+5)$ $=0$이어야만 11로 나누어떨어지므로)만 선택할 수 있습니다. 따라서 네 자리 수 2035(당연히 2530보다 작은 수입니다.)가 11로 나누어떨어지고 가장 작은 수입니다.

즉, 구하려는 가장 작은 수는 2035입니다.

[설명] 비록 2, 3, 5, 6으로 만든 (천의 자릿수가 2인) 2365가 11로 나누어떨어지더라도 $((2+6)-(3+5)=0$으로 11로 나누어떨어지므로), 가장 작은 수가 아닙니다. 2035는 $35-2$ $=33$으로 11로 나누어떨어지는 성질에 맞습니다.

02 (1) $1+2+\cdots+7=28$이고 11로 나누어떨어진다고 하였으므로, 일곱 자리 수 가운데 홀수 자리의 4개의 숫자의 합과 짝수 자리의 3개의 숫자의 합이 모두 14일 수 밖에 없습니다.(그 차가 0이 되어야 11로 나누어떨어집니다.)

수가 가장 크려면 7은 반드시 맨 앞 자릿수가 되어야 하며, 7을 포함한 4개의 홀수 자릿수는 7, 4, 2,

1(합이 14가 되어야 하므로 7이 이미 정해진 상황에서 $7+4+2+1=14$만 가능합니다.)만 올 수 있습니다. 따라서 3개의 짝수 자릿수는 6, 5, 3입니다. 즉, 문제의 조건에 맞는 가장 큰 일곱 자리 수는 7645231입니다.

같은 유형으로 문제에서 구해야 하는 가장 작은 일곱 자리 수를 구하면 1235476입니다.

따라서 일곱 자리 수 가운데 가장 큰 수와 가장 작은 수의 합은 $7645231+1235476=8880707$입니다.

(2) 이미 주어진 51자리 수는 다음과 같은 형식으로 쓸 수 있습니다.

$$\underbrace{33\cdots3}_{\text{3이 24개}} \times 10^{27} + 3\square 2 \times 10^{24} + \underbrace{22\cdots2}_{\text{2가 24개}}$$

$7 \mid 333333$, $7 \mid 222222$이므로 $7 \mid \underbrace{33\cdots3}_{\text{3이 24개}} \times 10^{27}$,

$7 \mid \underbrace{22\cdots22}_{\text{2가 24개}}$ 입니다.

따라서 이번 문제는 $7 \mid 3\square2$에서 $\square$ 안에 들어갈 수를 구하는 문제로 바꿀 수 있습니다.

계산하면, $7 \mid 322$, $7 \mid 392$이므로 $\square$는 2 또는 9입니다.

03 13은 333333을 나누어떨어지게 하므로, $\underbrace{33\cdots3}_{\text{3이 2018개}}$을 왼쪽에서 오른쪽으로 여섯 자리를 한 마디씩 나누어 놓는다면, $2018 \div 6 = 336 \cdots\cdots 2$로 336개의 마디에 33이 남습니다. 각 마디는 모두 13으로 나누어떨어지고, $33 \div 13 = 2 \cdots\cdots 7$이므로 $\underbrace{33\cdots3}_{\text{3이 2018개}}$은 13으로 나누어떨어지지 않으며, 나머지는 7입니다.

04 이 여섯 자리 수를 $\overline{abcdef}$라고 하면, 여기에서 a, b, c, d, e, f는 서로 다른 수이고, 모두 0이 아닙니다.

이 수가 11로 나누어떨어지므로 $(a+c+e)$와 $(b+d+f)$의 차(큰 수－작은 수)는 11의 배수입니다. a, c, e는 $3 \times 2 = 6$가지 배열 방법이 있고, b, d, f도 6가지의 배열 방법이 있으며, 첫 번째 수는 a, c, e 중 하나거나 b, d, f 중 하나이므로 적어도 11로 나누어떨어지는 여섯 자리 수의 배열 방법은 $6 \times 6 \times 2 - 1 = 71$(개)입니다.(주어진 수 하나를 제외한 것입니다.)

---

05 이 열 자리 수가 10으로 나누어떨어지므로 일의 자릿수는 반드시 0입니다.

4로 나누어떨어지므로 끝의 두 자릿수가 4로 나누어떨어져야 합니다. 따라서 십의 자릿수는 반드시 짝수이고, 또한 숫자 4, 6, 8은 이미 나왔기 때문에, 끝의 두 자릿수는 반드시 20입니다.

이렇게 하면 행운의 수는 $\overline{4876abcd20}$이라고 할 수 있습니다.

이 수가 11로 나누어떨어지므로

$(8+6+b+d+0)-(4+7+a+c+2)$
$=(b+d)-(a+c)+1$

은 반드시 11의 배수입니다. a, b, c, d가 숫자(1, 3, 5, 9만 가능합니다.)이므로 $b+d-(a+c)=10$이어야 위의 식이 11의 배수가 되는 것이 가능합니다.

따라서 b, d는 9와 5이고, a, c는 3과 1입니다.

이렇게 하면 행운의 수는

4876391520, 4876351920, 4876193520,
4876153920 중 한 수입니다.

7로 이 행운의 수를 나누어 보면, 4876391520은 7로 나누어떨어집니다.

또, 4876391520은 1, 2, 3, 5, 6, 8, 9, 12, 14, 15, 16, 18로 나누어떨어집니다.($6=2\times3$, $8=4\times2$, $12=2\times6$, $14=2\times7$, $15=3\times5$, $16=2\times8$, $18=2\times9$이고, $0+1+2+3+\cdots+9=45$, $3\mid45$, $9\mid45$이므로 행운의 수는 모두 3, 9로 나누어떨어집니다.)

4876391520를 계산하면 13, 17로도 나누어떨어집니다.

따라서 구하는 행운의 수는 4876391520입니다.

07장 소수와 합성수

서술형문제는 반드시 풀이를 확인하세요.

01 (1) 388　　　　　　　　(2) 1090040020
　　(3) 241, 401, 421
　　(4) 101, 103, 107, 109, 113, 127, 131, 137, 139,
　　　　149, 151, 157, 163, 167, 173, 15개

02 110cm³

03 (1) 2, 7, 31　　(2) 4034　　(3) 200

04 (1) 49 (2) 12개, 2028 (3) 4개, 1914, 1938, 1974, 1995

05 12005

---

01 (1) 100 이하의 수 가운데 가장 큰 소수는 97이고, 가장 작은 합성수는 4이므로 이 수들의 곱은
　　97×4=388입니다.

(2) 소수도 아니고 합성수도 아닌 수는 1, 가장 큰 한 자리 수는 9, 가장 작은 합성수는 4, 가장 작은 소수는 2이므로 이 수는 1090040020입니다.

(3) 0, 1, 2, 4 중에서 숫자 3개를 골라서 만든 세 자리 수 가운데, 일의 자리가 0, 2, 4인 수는 소수가 될 수 없으므로, 일의 자리가 1인 수만 소수가 될 수 있습니다. 일의 자리가 1인 세 자리 수는 201, 241, 401, 421입니다. 이 4개의 수 가운데 241, 401, 421만 소수입니다. 따라서 이 3개의 수가 답입니다.

(4) 100부터 177 사이의 소수를 순서대로 나열하면 101, 103, 107, 109, 113, 127, 131, 137, 139, 149, 151, 157, 163, 167, 173이고, 모두 15개입니다.

02 직육면체의 가로, 세로, 높이를 각각 a, b, c라고 하면, $a\times b+a\times c=77$, 즉 $a\times(b+c)=7\times11$입니다.

a, b, c가 서로소이므로 7×11을 $(2+5)\times11$로 생각하면, $a\times(b+c)=11\times(5+2)$ 또는 $11\times(2+5)$이고, 따라서 $a=11$, $b=5$, $c=2$ 또는 $a=11$, $b=2$, $c=5$입니다.

즉, 이 직육면체의 부피는 $11\times5\times2=110(cm^3)$입니다.

03 (1) 이 3개의 서로 다른 소수를 각각 a, b, c라고 하고, 만약 3개의 소수가 모두 홀수라고 한다면, 그 합은 반드시 홀수이므로 짝수 40이 될 수 없습니다. 그러므로 이 3개의 서로 다른 소수 중에는 반드시 짝수인 소수 2가 있으므로 $c=2$라고 합니다. $a+b+2=40$이므로 $a+b=40-2=38$입니다. 2개의 서로 다른 소수로는 7과 31의 합만 38이므로 이 3개의 소수는 2, 7, 31입니다.

(2) 2019＝2＋2017(2019는 홀수이므로 2개의 소수 중 1개는 반드시 짝수인 소수 2이고, 다른 1개의 소수는 2019－2＝2017이 됩니다.)이므로 이 2개의 소수의 곱은 $2 \times 2017=4034$입니다.

(3) x와 6은 짝수이므로 $a \times b$＝짝수입니다. 2개의 소수 a, b를 서로 곱한 곱이 짝수이므로 a, b 중 하나는 반드시 짝수인 소수 2이므로 $a=2$라고 합니다. 또 b는 100보다 작은 소수이므로 x가 최대가 되려면 b는 97이어야 합니다. 따라서 x의 최댓값은 $2 \times 97+6=200$입니다.

04 (1) $2015=5 \times 13 \times 31$이므로 구하는 합은 $5+13+31=49$입니다.

(2) $1125=3^2 \times 5^3$이므로 약수의 개수는 $(2+1) \times (3+1)=12$(개)입니다.
또, 모든 약수의 합은
$(1+3+3^2) \times (1+5+5^2+5^3)=2028$입니다.

(3) 다음과 같이 작은 수부터 큰 수로 나열해 봅니다.
$2 \times 3 \times 11 \times 29=1914$, $2 \times 3 \times 17 \times 19=1938$,
$2 \times 3 \times 7 \times 47=1974$, $3 \times 5 \times 7 \times 19=1995$이므로 따라서 모두 1914, 1938, 1974, 1995로 4개입니다.

05 $10=2 \times 5=(1+1) \times (4+1)$이므로 이 자연수는 반드시 $a \times b^4$의 형식입니다. 또 이 자연수가 5×7^2로 나누어떨어지므로 이 수는 $5 \times 7^4=12005$입니다.

연습문제 07 [B형] 79~81쪽

서술형문제는 반드시 풀이를 확인하세요.

01 (1) 5, 11, 13   (2) 168, 30
(3) 727   (4) 75, 143, 4953
02 (1) 8살, 9살, 10살, 11살   (2) 21명
03 (1) 3개 또는 4개   (2) 60, 72, 84, 90, 96
04 51명, 6그루   **05** 11640

01 (1) $16=5+11$, $24=11+13$이므로 A＝5, B＝11, C＝13입니다.

(2) 두 자리 수의 소수 중
가장 작은 경우 : $11+19=13+17=30$
가장 큰 경우 : $97+71=89+79=168$입니다.
따라서 $a+b$의 최댓값과 최솟값은 각각 168과 30입니다.

(3) $2924=2^2 \times 17 \times 43=4 \times 731$, $4+731=735$는 5의 배수이고, 또 4와 731은 서로소(두 자연수에서 1 이외에 다른 공약수가 없는 수를 서로소라고 합니다.)이므로 4와 781은 바로 문제의 조건에 맞는 두 수입니다. 따라서 차는 $731-4=727$입니다.

(4) $14=2 \times 7$, $30=2 \times 3 \times 5$, $33=3 \times 11$,
$75=3 \times 5^2$, $143=11 \times 13$, $169=13^2$,
$4445=5 \times 7 \times 127$, $4953=3 \times 13 \times 127$로,
8개의 수의 곱은 2^2, 3^4, 5^4, 11^2, 13^4, 127^2의 곱으로 구성되어 있습니다. 따라서 2개의 조 각 조의 4개에서 4개의 수의 곱이 2, 3^2, 5^2, 7, 11, 13^2, 127을 포함하므로, 14가 들어 있는 조의 수는 14, 75, 143, 4953입니다.

02 (1) $7920=2^4 \times 3^2 \times 5 \times 11$
$=2^3 \times 3^2 \times (2 \times 5) \times 11=8 \times 9 \times 10 \times 11$이므로 어린이 4명의 나이는 각각 8살, 9살 10살, 11살입니다.

(2) $362-5=357=3 \times 7 \times 17=21 \times 17$
$234-3=231=3 \times 7 \times 11=21 \times 11$입니다.
그리고 $17+11=28<30$이므로 어린이는 21명이고, 1인당 사과 17개와 배 11개씩 받았습니다.

03 (1) 당연히 $m \neq 1$이고, m은 소수입니다.
$m \neq 7$일 때, $7 \times m$의 약수는 1, 7, m, $7 \times m$으로 4개이고, $m=7$일때, $7 \times m=7^2$이고, 약수는 1, 7, 7^2로 3개입니다.

(2) 100이하의 자연수의 소인수분해를 생각합니다. 이때, 소인수는 작을수록 좋습니다.

소인수를 1개만 가졌고 약수가 가장 많은 수는 $2^6=64$로, 약수는 7개입니다.

2개의 서로 다른 소인수를 가졌고 약수가 가장 많은 수는 $2^3 \times 3^2 = 72$와 $2^5 \times 3 = 96$으로, 약수는 각각 12개씩입니다. 그 밖의 수는 12개보다 적습니다.

3개의 서로 다른 소인수를 가졌고 약수가 가장 많은 수는 $2^2 \times 3 \times 5 = 60$, $2^2 \times 3 \times 7 = 84$, $2 \times 3^2 \times 5 = 90$으로, 약수는 각각 12개씩입니다.

4개의 소인수를 가진 수는 모두 100을 넘습니다.

따라서 100 이하의 자연수 중에서 약수의 개수가 가장 많은 5개의 자연수는 12개의 약수를 지닌 60, 72, 84, 90, 96입니다.

04 학생 수는 3의 배수이므로 $3 \times n$명이라고 하고, 학생과 선생님이 심은 나무 그루 수를 총 m그루라고 하면, $m \times (3 \times n + 1) = 312 = 2^3 \times 3 \times 13$입니다.

312의 약수(총 $4 \times 2 \times 2 = 16$개) 가운데 13과 $2^2 \times 13 = 52$만 $13 = 3 \times 4 + 1$, $52 = 3 \times 17 + 1$의 형식으로 쓸 수 있습니다.

만약 학생이 $3 \times 4 = 12$명이라면, 13명이 312그루를 심었고 1인당 $312 \div 12 = 24$그루를 심었으므로 10그루를 넘으므로 문제의 조건에 맞지 않습니다.

따라서 학생은 $3 \div 17 = 51$명이고,
1인당 $312 \div (51 + 1) = 6$그루를 심었습니다.

05 서로 다른 4개의 소인수를 가지며 약수가 32개인 자연수는 반드시 $p^3 \times q \times r \times s$의 형식이고, 여기에서 p, q, r, s는 서로 다른 소수(왜냐하면 $32 = 4 \times 8 = 4 \times 2 \times 2 \times 2$이므로 소인수 분해식과 약수 개수 계산공식에 따르면 이러한 형식이 됩니다.)입니다. 그 중 소인수 1개를 두 자리 수이고 s라고 합니다.(q, r 중 하나를 써도 되지만, p는 쓸 수 없습니다.)

이 두 자리 소인수가 가장 클 때(가장 큰 수 97이 될 때), 이 자연수는 $p^3 \times q \times r \times 97$입니다.

이때, 가장 작은 수는 $p=2$, $q=3$, $r=5$일 때의 자연수 $2^3 \times 3 \times 5 \times 97 = 11640$입니다.

따라서 문제의 조건에 맞는 자연수 중에서 가장 작은 수는 11640입니다.

08장 최대공약수와 최소공배수

연습문제 08 A형   90~91쪽

서술형문제는 반드시 풀이를 확인하세요.

01 (1) 40개 (2) 2521개 (3) 59개
02 (1) 101 (2) 420 (3) 8가지
03 (1) 24명 또는 48명 (2) 359개
04 (1) 6, 7, 8 (2) 36, 60
05 207

01 (1) $320 = 2^6 \times 5$, $240 = 2^4 \times 3 \times 5$, $200 = 2^3 \times 5^2$이므로 이 수들의 최대공약수는 $2^3 \times 5 = 40$입니다.
따라서 최대한 40개의 과일 바구니를 만들 수 있습니다.

(2) 만약 10개, 9개, 8개, 7개씩 넣어서 남는 것이 없다면 귤은 최소한 10, 9, 8, 7의 최소공배수인 $2^3 \times 3^2 \times 5 \times 7 = 2520$이지만, 모두 1개씩 남으므로 최소한 $2520 + 1 = 2521$(개)입니다.

(3) 만약 사과 박스에 사과 1개를 더 넣는다면, 사과의 개수는 3, 4, 5의 공배수가 됩니다.
3, 4, 5의 최소공배수는 $3 \times 4 \times 5 = 60$이므로 사과는 최소한 $60 - 1 = 59$개입니다.

02 (1) $1111 \div 4 = 277 \cdots\cdots 3$이므로 이 4개의 자연수의 공약수는 277을 넘지 않습니다.
$1111 = 11 \times 101$이므로 이 4개의 자연수의 공약수 가운데 가장 큰 수는 101(이때 4개의 서로 다른 자연수는 101, 2×101, 3×101, 5×101입니다.)입니다.

(2) $22 \div 2 = 11$, $11 = 5 + 6$이므로 연속한 4개의 자연수 가운데 두 수는 5, 6입니다. 따라서 연속한 4개의 자연수는 4, 5, 6, 7입니다.
따라서 [4, 5, 6, 7] $= 2^2 \times 3 \times 5 \times 7 = 420$입니다.

(3) 문제의 조건에서 세 자연수는 10, 20, 50, 100 가운데 있습니다. 따라서 조건을 만족하는 세 자연수는 다음과 같이 8가지입니다.
(100, 100, 10) (100, 50, 10) (100, 20, 10)
(100, 10, 10) (100, 50, 20) (50, 50, 20)
(50, 20, 20) (50, 20, 10)

03 (1) 3, 4, 6, 8의 최소공배수는 24이므로 이 반 학생은 24명이거나 48명입니다.

(2) 만든 부품 개수에 1개를 더하면, 각 상자에 12개 또는 18개 또는 15개(7×2+1=15)를 담을 수 있습니다. 따라서 만든 부품 개수는 12, 18, 15의 공배수인 180의 배수이고, 300~400 사이에 있는 수는 180×2=360뿐입니다.

따라서 갑과 을은 이번 주 안에 모두 360−1=359(개)의 부품을 만들었습니다.

04 (1) 연속한 2개의 자연수는 서로소이므로 두 수의 최소공배수는 이 두 수의 곱과 같습니다. 연속한 3개의 자연수에서 만약 1개가 짝수라면, 최소공배수는 이 3개의 수의 곱과 같습니다. 만약 이 중 2개가 짝수라면 그 최소공배수는 이 3개의 수의 곱의 반입니다.

$168=2^3 \times 3 \times 7 = 6 \times 7 \times 8 \div 2$이므로 이 3개의 수는 6, 7, 8입니다.

(2) 문제의 조건에 따라 이 두 자연수를 $12 \times a$, $12 \times b$라고 합니다. 여기에서 a, b가 서로소인 2개의 자연수라면 $12 \times a \times b = 180$이므로 $a \times b = 180 \div 12 = 15$입니다.

$15 = 1 \times 15 = 3 \times 5$이므로 주어진 큰 수는 작은 수로 나누어떨어지지 않는다는 조건에 따라 a, b는 각각 3, 5입니다. 따라서 이 두 수는 $12 \times 3 = 36$, $12 \times 5 = 60$입니다.

05 두 수의 최대공약수는 반드시 이 두 수의 차의 약수이고, 차 27의 약수는 1, 3, 9, 27뿐입니다. 따라서 이 두 수의 최대공약수는 1, 3, 9, 27에서만 가능합니다.

(1) 만약 이 두 수의 최대공약수가 1이라면 최소공배수는 1179−1=1178입니다. 따라서 이 두 수의 곱은 최대공약수 최소공배수이므로 1×1178 =1178입니다. 그리고 1178은 차가 27이고 서로소인 두 자연수의 곱으로 분해할 수 없습니다. (최대공약수가 1이므로 이 두 수는 서로소입니다.) 따라서 문제의 조건에 맞지 않습니다.

(2) 만약 최대공약수가 3이라면 최소공배수는 1179−3=1176입니다. 마찬가지로 이 두 수의 곱은 $3 \times 1176 = 3^2 \times 392$이고, 392는 두 수의 차가 27이고 서로소인 두 자연수의 곱으로 나눌 수 없습니다. 따라서 문제의 조건에 맞지 않습니다.

(3) 만약 두 수의 최대공약수가 9라면 최소공배수는 1179−9=1170입니다. 이 두 수의 곱은

$9 \times 1170 = 9^2 \times 130 = 90 \times 117$이고, $117-90=27$입니다. 즉, 문제의 조건에 맞습니다. 따라서 두 수는 117과 90입니다.

(4) 만약 두 수의 최대공약수가 27이라면 최소공배수는 1179−27=1152입니다. 그러나 1152는 차가 27이고 서로소인 두 자연수의 곱으로 나눌 수 없습니다. 따라서 문제의 조건에 맞지 않습니다.

따라서 두 수는 117과 90이고, 그 합은 117+90=207입니다.

연습문제 08 **B형** 92~93쪽

서술형문제는 반드시 풀이를 확인하세요.

01 (1) 67권
(2) 12
(3) 21

02 (1) A과자 12g, B과자 15g, C과자 20g,
(2) 844, 845, 846, 847, 848
(3) 186, 31 또는 62, 93

03 (1) 11
(2) 324, 756

04 (1) 15분, 갑 15, 을 10, 병 12
(2) 9월 2일(이 3개의 그룹이 7월 4일에 개학했다고 가정합니다.)

05 10, 11, 12, 13, 14(5개 수의 합은 5의 배수입니다.)

---

01 (1) 조건으로부터 a의 최솟값은 [3, 4, 6, 9]=36입니다.

이때 $b=36 \div 3 = 12$, $c=36 \div 4 = 9$,

$d=36 \div 6 = 6$, $e=36 \div 9 = 4$입니다.

따라서 학생 5명은 최소한

$a+b+c+d+e=36+12+9+6+4=67$(권)

을 가지고 있습니다.

(2) 2016÷160=12······96이므로 자연수 160개의 최대공약수는 12를 넘지 않습니다.

또한 $2016=2^5 \times 3^2 \times 7$이므로 2016의 12를 넘지 않는 최대공약수는 12입니다. 따라서 자연수 160개의 최대공약수의 최댓값은 12입니다.

(3) $33915=3 \times 5 \times 7 \times 17 \times 19$이므로 4개의 연속한 홀수는 (3×5=)15, 17, 19, (3×7=)21입니다. 따라서 이 4개의 수 가운데 가장 큰 수는 21입니다.

02 (1) $144=2^4\times3^2$, $180=2^2\times3^2\times5$, $240=2^4\times3\times5$
이므로 144, 180, 240의 최대공약수는 $2^2\times3=12$
입니다. 따라서 이 3종류의 과자를 각각 12봉지에
담습니다.

한 봉지에 A과자 12g$(2^4\times3^2\div(2^2\times3)=12)$,

한 봉지에 B과자 15g$(2^2\times3^2\times5\div(2^2\times3)=15)$,

한 봉지에 C과자 20g$(2^4\times3\times5\div(2^2\times3)=20)$씩
담습니다. 이렇게 담으면 문제의 조건에 맞습니다.
각 봉지의 가격이 같고 최소가 됩니다.

(2) 4, 5, 6, 7, 8의 최소공배수는 $2^3\times3\times5\times7=840$
이므로 여기에 각각 4, 5, 6, 7, 8을 더하면 문제에
서 요구하는 5개의 연속한 세 자리 수를 구할 수 있
습니다. 따라서 답은 844, 845, 846, 847, 848입
니다.

(3) $5766=2\times3\times31^2$이므로 이것을 두 수의 곱으로
나누고, 두 수의 최대공약수가 31일 때
$5766=186\times31$ 또는 62×93입니다.

따라서 a, b는 각각 186과 31 또는 62와 93입니다.

03 (1) 문제의 조건에서 사과의 개수는 어린이의 인원수
의 배수이므로 '배의 개수-2'도 어린이 인원수의
배수입니다. 따라서 어린이 인원수는 187과 $(36-2=)34$의 공약수 중에서 2보다 큰 수입니다.(왜냐
하면 2개가 남으므로)

$187=11\times17$, $34=2\times17$이므로 어린이의 인원
수는 17(명)입니다. 따라서 어린이 1명당 사과
$187\div17=11$(개)를 나누어 주었습니다.

(2) $540=2^2\times3^3\times5$이고, 그 소인수 5는 주어진 수
2, 3, 4, 5, 6, 7 중 1개뿐이고, 0은 없습니다. 따라
서 만든 2개의 세자리 수의 최대공약수는 5를 포함
하지 않습니다. 따라서 540과의 최대공약수 역시 5
를 포함하지 않습니다. 즉, 이 2개의 세 자리수와
540의 최대공약수는 $2^2\times3^3=108$뿐입니다.

$108\times3=324$, $108\times7=756$이므로 여기에서
324, 756은 2, 3, 4, 5, 6, 7 6개의 숫자로 만든 수
입니다. 따라서 문제의 조건에 맞는 세 자리 수는
324, 756입니다.

04 (1) 1분$=60$초, 1분 30초$=90$초, 1분 15초$=75$초입
니다.

$60=2^2\times3\times5$, $90=2\times3^2\times5$, $75=3\times5^2$이므
로 60, 90, 75의 최소공배수는 $2^2\times3^2\times5^2=900$
이고, 900초$=(900\div60)$분$=15$분입니다. 따라

서 3명은 15분 후에 출발지점에서 다시 만나게 됩
니다.

이때 갑은 $15\div1=15$바퀴(또는 $900\div60=15$바
퀴)를 뛰었고, 을은 $15\div1.5=10$바퀴(또는 900
$\div90=10$바퀴)를 뛰었고, 병은 $15\div1.25=12$바
퀴(또는 $900\div75=12$바퀴)를 뛰었습니다.

(2) 만약 개학날이 7월 이전이라면 7월 8일의 4일전, 7
월 9일의 5일전, 7월 10일의 6일전인 7월 4일에
모두 함께 수업했습니다. 따라서 이들 세 사람은
$[4, 5, 6]=60$(일)이 지나서 9월 2일에 처음으로 함
께 수업하러 가게 됩니다.

05 5개의 연속한 자연수를 $n-2$, $n-1$, n, $n+1$, $n+2$
라고 한다면, 이 수들의 합$=(n-2)+(n-1)+n$
$+(n+1)+(n+2)=5\times n$입니다. 이것은 5개의 연
속한 자연수의 합은 반드시 5의 배수라는 것(즉, 5로
나누어떨어진다는 의미)을 나타냅니다. 따라서 이 5개
의 수의 합이 2, 3, 4, 6으로 나누어떨어지는지를 살펴
보면 됩니다.

$[2, 3, 4, 6]=12$이므로 12는 2, 3, 4, 6으로 나누어떨
어지는 가장 작은 수입니다. 또 12와 5는 서로소이므
로 $5\times12=60$는 2, 3, 4, 5, 6으로 나누어떨어지는
가장 작은 수입니다. 따라서 5개의 연속한 자연수의
가운데 수 n은 12입니다.

즉, 문제의 조건을 만족시키는 가장 작은 5개의 연속
한 자연수들은 10, 11, 12, 13, 14입니다.

연습문제 09 A형 100~101쪽

서술형문제는 반드시 풀이를 확인하세요.

01 (1) 662, 16

(2) 1, 8

(3) 11, 15, 33, 55

02 (1) 3200원 (2) 2016 **03** (1) 5 (2) 5

04 58 **05** 831

01 (1) 나머지가 나누는 수보다 작으므로 나누는 수가 17일 때 가장 큰 나머지는 16입니다. 나누어지는 수 $=38\times17+16=662$일 때 나머지는 최대가 됩니다. 따라서 □안의 수는

$\boxed{662}\div17=38\cdots\cdots\boxed{16}$ 입니다.

(2) 나누는 수가 9이므로 나머지가 최대 8일 때 $7\times9+8=71$이므로 □안에는 1을 씁니다. 답은 $7\boxed{1}\div9=7\cdots\cdots(8)$ 입니다.

(3) 이 두 자리 수는 $169-4=165$의 약수입니다. $165=3\times5\times11$이므로 165의 두 자리 약수는 11, 15, 33, 55입니다.

따라서 문제의 조건에 맞는 두 자리 수는 각각 11, 15, 33, 55입니다.

02 (1) 초등학생 6명이 가진 돈은 $1400+1700+1800+2100+2600+3700=13300$(원)입니다.

5명이 가진 돈으로 3권을 샀으므로, 5명이 가진 돈의 총 액수는 3의 배수입니다. 그러나 $13300\div3=4400\cdots\cdots100$이므로 다른 한 학생이 가진 돈은 3으로 나누면 100이 남습니다.

이 6개의 돈의 액수를 살펴보면, 3700만이 3으로 나누면 100이 남습니다.

따라서 동물 스티커북의 정가는

$(1400+1700+1800+2100+2600)\div3$
$=3200$(원)입니다.

(2) 종이 한 장을 6조각으로 잘라서 그 중 몇 조각을 골라 각각 6조각으로 잘랐습니다. 그 중 처음에는 1조각이었다가 나중에 1번 자를 때마다 5조각이 늘어하므로, 총 개수는 항상 5로 나누면 1이 남습니다. 즉, 2014, 2015, 2016, 2017, 4개의 수 가운데 2016만 5로 나누면 1이 남습니다.

따라서 답은 2016입니다.

03 (1) 201201이 7로 나누어떨어지고 $2015\div2=1007\cdots1$ 이므로 A와 201은 7로 나눈 나머지가 같습니다.

201이 7로 나눈 나머지가 5이므로 A를 7로 나눈 나머지는 5입니다.

(2) 이 식을 a라고 하면, $a=8\times q+7(q$는 몫)이므로 $3\times a=24\times q+21$입니다. $24\times q$는 8로 나누어떨어지므로 $3\times a$를 8로 나눈 나머지와 21을 8로 나눈 나머지는 같습니다. 따라서 구하는 나머지는 21을 8로 나눈 나머지인 5입니다.

04 [풀이 1] 3으로 나누면 1이 남는 수는 1, 4, 7, 10, 13, 16, 19, 22, 25, $\cdots$, 58, $\cdots$입니다.

4로 나누면 2가 남는 수는 2, 6, 10, 14, 18, 22, 26, $\cdots$, 58, $\cdots$입니다.

5로 나누면 3이 남는 수는 3, 8, 13, 23, $\cdots$, 58, $\cdots$ 이고, 6으로 나누면 4가 남는 수는 4, 10, 16, 22, 28, $\cdots$, 58, $\cdots$입니다.

처음으로 동시에 나타나는 수 58이 바로 문제의 조건을 만족시키는 가장 작은 자연수입니다.

[풀이 2] 구하는 수에 2를 더하면 3, 4, 5, 6으로 나누어떨어집니다. 즉, 구하는 수는 3, 4, 5, 6의 최소공배수에서 2를 뺀 수입니다.

$[3, 4, 5, 6]=60$이므로 구하는 가장 작은 수는 $60-2=58$입니다.

05 이러한 세 자리 수를 x(또는 $\overline{abc}$라고 하여도 됩니다.)라고 하면, x를 37로 나눈 나머지는 17이라는 조건에 따라 $x=q\times37+17(q$는 몫)$=q\times36+(q+17)$입니다.

또 x를 36으로 나눈 나머지는 3이므로 위의 식에서 $q+17$을 36으로 나눈 나머지는 반드시 3이 됩니다.

따라서 일반적으로 $q+17-3=36\times k(k=0, 1, 2, \cdots)$입니다.

$k=0$일 때, 식을 만족시키는 q는 존재하지 않습니다.

$k=1$일 때, $q=36-17+3=22$로 대입하면, $x=22\times37+17=831$입니다.

$k\geq2$일 때, $q\geq58$이므로 $x\geq2163$입니다.(세 자리 수가 아닙니다.) 따라서 구하려는 세 자리 수는 831입니다.

서술형문제는 반드시 풀이를 확인하세요.

01 (1) 64   (2) 1562

02 (1) 일요일   (2) 일요일   (3) 목요일

03 53   **04** 11

05 3

---

01 (1) $999 \div 43 = 23 \cdots\cdots 10$이므로 $43 \times 22 + (43-1) = 988$입니다. $988 \div 43 = 22 \cdots\cdots 42$이므로 (43으로 나누었을 때) 가장 큰 나머지는 42입니다.
따라서 세 자리 수를 43으로 나눈 몫에 나머지를 더한 가장 큰 값은 $22+42 = 64$입니다.

(2) 갑과 을이 뽑은 카드의 합이 병이 뽑은 수의 6배이므로 갑과 을이 뽑은 카드의 수의 합은 반드시 3의 배수입니다. 카드 6장의 수를 3으로 나눈 나머지가 각각 2, 1, 0, 0, 1, 1이므로 이 6개의 나머지 중에서 5개를 골라 나머지의 합이 3이나 3의 배수가 될 때, 갑과 을이 고른 카드의 수의 합이 3의 배수가 될 수 있습니다. 이것은 갑과 을이 뒤의 5개를 골랐을 때이므로 병이 고른 카드의 수는 1562입니다.

02 (1) 2019년 새해 첫 날이 포함부터 2020년 새해 첫 날이 포함까지 $365 + 1 = 366$(일)이고, $366 \div 7 = 52 \cdots\cdots 2857143$입니다. 따라서 2020년 새해 첫 날은 수요일입니다.

(2) 3월은 31일입니다. 3월에는 수요일이 5번, 화요일이 4번 있고, $31 \div 7 = 4 \cdots\cdots 3$이므로 3월 1일은 수요일입니다. 3월부터 9월까지 모두
$4 \times 31 + 3 \times 30 = 214$일이고,
$214 \div 7 = 30 \cdots\cdots 4$이므로 10월 1일은 일요일입니다.

(3) 10월은 31일이고 $31 = 4 \times 7 + 3$이므로 10월에 토요일이 5번, 일요일이 4번일 때 마지막 3일은 반드시 목, 금, 토요일입니다. 즉, 10월 31일이 토요일이고, 10월 30일은 금요일, 10월 29일은 목요일입니다. 따라서 10월 1일은 목요일입니다.

03 이 반의 학생이 a명이라고 하면, a를 8로 나누면 나머지는 5이고, a를 11로 나누면 나머지는 9입니다.
[주의] 두 모둠에 각각 1명씩 모자라므로 이 두 모둠의 인원은 20명이며 11로 나누면 나머지는 9입니다. 그리고 다른 모둠은 모두 11로 나누어떨어집니다.

60보다 작은 수 중에서 8로 나누어 나머지가 5인 수는 5, 13, 21, 29, 37, 45, 53이고, 그 중 11로 나누어 나머지가 9인 수는 53뿐입니다. 즉 $a = 53$입니다. 따라서 이 반의 학생 수는 53명입니다.

04 3으로 나누어 나머지가 2인 수는 5, 8, 11, 14, 17, …이고, 5로 나누어 나머지가 1인 수는 6, 11, 16, 21, 26, …입니다.
따라서 동시에 3으로 나누어 나머지가 2이고, 5로 나누어 나머지가 1인 가장 작은 수는 11입니다.
따라서 3으로 나누면 나머지가 2이고, 5로 나누면 나머지가 1이 되는 조건을 만족시키는 모든 수는 $11 + 15 \times k (k = 0, 1, 2, \cdots)$입니다.
$(11 + 15 \times k) \div 15 = k \cdots\cdots 11$이므로(또는 $15 | 15 \times k$이므로), 구하는 나머지는 11입니다.

05 [풀이 1] 0, 1, 2, 3, 4개의 숫자를 중복 사용하지 않고 만든 세 자리 수는 18개입니다.
102, 103, 120, 123, 130, 132,
201, 203, 210, 213, 230, 231,
301, 302, 310, 312, 320, 321   입니다.
이 18개의 세 자리 수 가운데 1, 2, 3은 각각 14번 나옵니다.
따라서 이러한 세 자리 수의 각 숫자의 합은
$(1+2+3) \times 14$입니다.
어떤 수에서 각 숫자의 합이 9로 나누어떨어질 때 이 수는 9로 나누어떨어집니다. 따라서 어떤 수가 9로 나누어떨어지지 않을 때 그 나머지는 바로 이 수의 각 숫자들의 합을 9로 나눈 나머지와 같습니다.
$(1+2+3) \times 14 \div 9 = 9 \cdots\cdots 3$이므로 이 세 자리 수 18개의 합을 9로 나누면 나머지는 3입니다.
[풀이 2] 풀이 1과 같이 0, 1, 2, 3, 4개의 숫자를 한 번만 사용해서 세 자리 수 18개를 만들 수 있습니다. 이 세 자리 수 18개 가운데 1, 2, 3이 각각 14번 나오고 각 숫자는 일의 자리에서 4번, 십의 자리에서 4번, 백의 자리에서 6번 나옵니다. 따라서 모든 세 자리 수의 합은 $644 + 2 \times 644 + 3 \times 644 = 3864$입니다.
$3864 \div 9 = 429 \cdots\cdots 3$입니다.
즉, 구하는 나머지는 3입니다.

10장 같은 나머지

연습문제 10 **A형** 111~112쪽

서술형문제는 반드시 풀이를 확인하세요.

01 (1) 1, 2, 7, 14 (2) 9
02 0
03 (1) 3 (2) 550
04 풀이참조
05 (1) 2 (2) 403

---

01 (1) 이 자연수를 a라고 합니다. 692, 608, 1126을 a로 나눈 나머지가 같으므로 692, 608, 1126에서 두 수의 차는 a로 나누어떨어집니다. **(예제 2를 참조)**
$692-608=84=2^2\times3\times7$,
$1126-608=518=2\times7\times37$,
$1126-692=434=2\times7\times31$입니다.
이 3개의 차는 공약수 1, 2, 7, 14를 가지고 있으므로 구하는 자연수는 1, 2, 7, 14입니다.

(2) 먼저 나누는 수 A를 구해야 합니다. 73, 216, 227을 A로 나눈 나머지가 같으므로 73, 216, 227에서 두 수의 차를 A로 나눈 나머지는 0입니다.
따라서 차는 모두 A로 나누어떨어집니다.
그 차는 다음과 같습니다.
$227-216=11$, $227-73=154=11\times14$,
$216-73=143=11\times13$
그러므로 A=11입니다. 따라서 108을 A(=11)로 나눈 나머지는 9입니다.

02 어떤 자연수 a, n에 대하여 $(a+7\times n)$과 a는 7의 같은 나머지 관계이므로 $(a+7\times n)^2$과 a^2은 7의 같은 나머지 관계입니다. 따라서
$(1^2+2^2+3^2+4^2+5^2+6^2+7^2)$과 $(8^2+9^2+10^2+11^2+12^2+13^2+14^2)$과 $(15^2+16^2+17^2+18^2+19^2+20^2+21^2)$, …은 7에 대해 같은 나머지 관계입니다.
$2016\div7=288$이므로
$(1^2+2^2+3^2+\cdots+2016^2)$과 $(1^2+2^2+\cdots+7^2)\times288$은 7의 같은 나머지 관계입니다.
$(1^2+2^2+3^2+\cdots+7^2)$을 7로 나눈 나머지는 0이므로 $(1^2+2^2+\cdots+7^2)\times288$을 7로 나눈 나머지는 0입니다.
따라서 $(1^2+2^2+3^2+\cdots+2016^2)$을 7로 나눈 나머지는 0입니다.

03 (1) 13 | 777777, $100\div6=16\cdots4$이므로 문제를 7777을 13으로 나눈 나머지는 얼마인가로 바꿀 수 있습니다. 따라서 $7777\div13=598\cdots3$이므로 구하는 나머지는 3입니다.

(2) $777777\div13=59829$, $100\div6=16\cdots4$이고, $7777\div13=598\cdots3$이므로 몫의 각 자릿수의 합은
$(5+9+8+2+9)\times16+(5+9+8)=550$
입니다.

04 문제의 수열에서 찾은 규칙은 다음과 같습니다.
2번째 수부터 각각 그 앞의 수에 순서대로 1, 2, 3, …을 더하였습니다. **(ⓔ** 1+1=2, 2+2=4, 4+3=7, 7+4=11, 11+5=16입니다.)
이 수열의 각 수를 3으로 나눈 나머지는 (역시 수열을 이룹니다.)
1, 2, 1, 1, 2, 1, 1, 2, 1, …
1, 2, 1의 세 수가 반복해서 나타납니다.
$100\div3=3\cdots1$이므로 앞에서 100개의 수 가운데 3으로 나눈 나머지가 1인 수의 개수는
$33\times2+1=67$(개)입니다.

05 (1) 문제의 조건에서 이 수열은
3, 10, 13, 23, 36, 59, 95, 154, 249, 403, 652, …입니다.
3으로 나눈 나머지는 차례대로
  0, 1, 1, 2, 0, 2, 2, 1, 0, 1, 1, 2, 0, 2, 2, 1, 0, 1, 1, …
즉, 나머지는 8개의 수 0, 1, 1, 2, 0, 2, 2, 1이 반복되어 나타납니다.
$2015\div8=251\cdots7$이므로 2015번째 수를 3으로 나눈 나머지는 반복되는 수의 7번째 수인 2입니다. 따라서 구하는 나머지는 2입니다.

(2) 이 수열을 5로 나눈 나머지(나머지가 0으로 표시된 수는 5의 배수입니다.)는 다음과 같습니다.
  1, 1, 2, 3, 0, 3, 3, 1, 4, 0, 4, 4, 3, 2, 0, 2, 2, 4, 1, 0, 1, 1, 2, …
20개씩 수가 반복해서 나타납니다. 한 번 반복될 때 0이 4개 있습니다. (원래의 수열에서는 5의 배수입니다.)
$2019\div20=100\cdots19$이므로 이 수열에서 앞의 2019개의 수 가운데 5의 배수는
  $100\times4+3=403$(개)입니다.

서술형문제는 반드시 풀이를 확인하세요.

01 (1) 120　　　　　　(2) 6

02 (1) 5　　　　　　(2) 5

03 8　　　　　04 5

05 6

01 (1) 나누는 수를 a라고 합니다.

2836, 4582, 5164, 6522를 a로 나눈 나머지가 같으므로, 두 수의 차는 반드시 a로 나누어떨어집니다. (즉 a는 차의 공약수입니다.)

두 수의 차는 각각 다음과 같습니다.

$$4582 - 2836 = 1746 = 2 \times 3^2 \times 97$$
$$5164 - 4582 = 582 = 2 \times 3 \times 97$$
$$5164 - 2836 = 2328 = 2^3 \times 3 \times 97$$
$$6522 - 5164 = 1358 = 2 \times 7 \times 97$$
$$6522 - 4582 = 1940 = 2^2 \times 5 \times 97$$
$$6522 - 2836 = 3686 = 2 \times 19 \times 97$$

의 공약수는 2, 97뿐입니다. 또 $2 \times 97 = 194$이므로 a는 2, 97, 194만 가능합니다.

나머지가 두 자리 수이므로 나누는 수 a는 적어도 두 자리 수입니다.

따라서 a는 97 또는 194입니다.

$a = 194$일 때 $2836 \div 194 = 14 \cdots\cdots 120$으로 나머지는 두 자리 수가 아니므로 문제의 조건에 맞지 않습니다.

$a = 97$일 때 $2836 \div 97 = 29 \cdots\cdots 23$으로 나머지는 23은 문제의 조건에 맞습니다.

따라서 구하는 나누는 수 + 나머지 $= 97 + 23 = 120$입니다.

(2) 문제의 조건에서 이 자연수로

114, $(167 - 2 =)$ 165, $(203 - 2 \times 2 =)$ 199를 나누면 나머지가 모두 $2 \times a$이므로 이 자연수로 동시에 나누어떨어집니다.

$199 - 114 = 85$, $165 - 114 = 51$, $199 - 165 = 34$

$85 = 5 \times 17$, $51 = 3 \times 17$, $34 = 2 \times 17$이므로 이 자연수는 17입니다.

$114 \div 17 = 6 \cdots\cdots 12$이므로 $2 \times a = 12$입니다.

따라서 $a = 12 \div 2 = 6$입니다.

02 (1) 7로 2, 2^2, 2^3, 2^4, 2^5, 2^6, $\cdots$을 순서대로 나누면 그 나머지는 순서대로 2, 4, 1, 2, 4, 1, 2, 4, 1, $\cdots$입니다. 나머지의 규칙을 보면,

2의 개수가 3의 배수일 때(즉 $2^{3 \times n}$), 7로 나누면 나머지는 1입니다.

2의 개수가 3의 배수보다 1이 많을 때(즉 $2^{3 \times n + 1}$), 7로 나누면 나머지는 2입니다.

2의 개수가 3의 배수보다 2가 많을 때(즉 $2^{3 \times n + 2}$), 7로 나누면 나머지는 4입니다.

따라서 $2^{2015} = 2^{3 \times 671 + 2}$이므로 2^{2015}을 7로 나눈 나머지는 4입니다.

또 2015를 7로 나눈 나머지는 6이므로 나머지 성질에서 2015^2을 7로 나누면 나머지는 1입니다.

따라서 2^{2015}과 2015^2의 합을 7로 나누면 나머지는 $4 + 1 = 5$입니다.

(2) 15로 2, 2^2, 2^3, 2^4, 2^5, 2^6, 2^7, 2^8, 2^9, $\cdots$을 순서대로 나누면 그 나머지는 순서대로 2, 4, 8, 1, 2, 4, 8, 1, 2, $\cdots$입니다. 나머지의 규칙을 보면 2의 개수가 4의 배수일 때(즉 $2^{4 \times n}$), 15로 나누면 나머지는 1입니다.

2의 개수가 4의 배수보다 1이 많을 때(즉 $2^{4 \times n + 1}$), 15로 나누면 나머지는 2입니다.

2의 개수가 4의 배수보다 2가 많을 때(즉 $2^{4 \times n + 2}$), 15로 나누면 나머지는 4입니다.

2의 개수가 4의 배수보다 3이 많을 때(즉 $2^{4 \times n + 3}$), 15로 나누면 나머지는 8입니다.

따라서 $2^{2014} = 2^{4 \times 503 + 2}$이므로 2^{2014}을 15로 나눈 나머지는 4입니다.

또 2014를 15로 나눈 나머지는 4이므로 2014^2과 4^2은 같은 나머지 관계입니다.

그리고 4^2을 15로 나누면 나머지는 1이므로 2014^2을 15로 나누면 나머지는 1입니다.

따라서 2^{2014}과 2014^2의 합을 15로 나눈 나머지는 $4 + 1 = 5$입니다.

[설명] 위에서 설명한 (1), (2)번 문제는 지수의 연산법칙을 배웠다면, 직접 구할 수 있습니다. 예를 들어 (2)번 문제를 다음과 같이 2^{2014}을 15로 나눈 나머지를 계산할 수 있습니다.

$$2^{2014} = 2^{2012} \times 2^2 = (2^4)^{503} \times 4 = 16^{503} \times 4$$

16을 15로 나누면 나머지가 1이므로 16^{503}을 15로 나눈 나머지도 1입니다. 따라서 2^{2014}을 15로 나누면 나머지는 4입니다.

03 $949494 \div 39 = 24364$이므로 $9494\cdots94$(94가 2000개)를 39로 나누면 몫은 여섯 개의 수 243460이 왼쪽에서 오른쪽으로 반복하여 나타납니다. 또 $2000 \div 6 = 333 \cdots\cdots 2$이므로 몫의 왼쪽으로부터 2000자릿수는 4입니다. 즉 A = 4입니다.

몫은 모두 $2000 \times 2 - 1 = 3999$자리 수이고,
$3999 \div 6 = 666 \cdots 3$이고, $(705 - 3) \div 6 = 117$이
므로 몫의 오른쪽에서 왼쪽으로 705번째 자릿수는 2
입니다. 즉 B=2입니다.
따라서 $A \times B = 4 \times 2 = 8$입니다.

04 수열을 관찰하면 규칙을 알 수 있습니다. 수열의 홀
수번째 수는 6의 배수이고, 짝수번째 수는 바로 앞의
수에 1을 더한 수입니다.
이 수열을 7로 나누면 나머지는 0, 1, 6, 0, 5, 6, 4,
5, 3, 4, 2, 3, 1, 2, 0, 1, 6, 0, 5, …입니다.
즉, 0, 1, …, 1, 2의 14개 수가 반복하여 나타납니다.
$134 \div 14 = 9 \cdots 8$이므로 수열에서 134번째 수를 7
로 나누면 나머지는 5입니다. (즉, 나머지 수열의 반
복되는 수에서 8번째 수가 5입니다.)

05 자연수 1, 2, 3, …, 100을 15로 나누면 나머지는
15가지가 나타납니다. 즉, 나머지 $r = 0$, 1, 2, …,
14, 이렇게 15가지입니다.
나머지 $r = 0$ 이외에 $r = 1$, 2, 3, …, 14 이렇게
14가지에서 1, 2, 3, …, 14에 4를 곱한 수는 모두
15의 배수가 아닙니다. 따라서 $r = 0$일 때의 수 중에
서 골라야만 하는데, 이런 수는 15, 30, 45, 60,
75, 90입니다. 이 수들 가운데 고른 4개의 수의 합은
항상 15로 나누어떨어집니다.
따라서 최대한 6개를 고를 수 있습니다.

연습문제 11 A형 119쪽

서술형문제는 반드시 풀이를 확인하세요.

01 (1) 0, 8 (2) 9, 4 (3) 030(또는 30)
02 2
03 15453, 24개
04 2601
05 37

01 (1) $(21 \times 27 \times 38 \times 49)$의 끝수=$(1 \times 7 \times 8 \times 9)$의
끝수=4이고,
$(12 \times 13 \times 16)$의 끝수=$(2 \times 3 \times 6)$의 끝수=6
이므로
$(21 \times 27 \times 38 \times 49 + 12 \times 13 \times 16)$의 끝수
=$(4 + 6)$의 끝수=0,
$(21 \times 27 \times 38 \times 49 - 12 \times 13 \times 16)$의 끝수
=$(14 - 6)$의 끝수=8입니다.

(2) 2017^{630}의 끝수=7^{630}의 끝수입니다. 또 7^n의 끝수
는 7, 9, 3, 1이 반복하여 나타납니다.
$630 \div 4 = 157 \cdots 2$이므로 7^{630}의 끝수는 9(반복
되는 수의 2번째 수인 9)입니다.
따라서 2017^{630}의 끝수는 9입니다.
2019^{2019}의 끝수=9^{2019}의 끝수이고,
2019^{2012}의 끝수=2^{2012}의 끝수이므로
$(2019^{2012} \times 2012^{2012})$의 끝수
=$((9^{2019}$의 끝수$) \times (2^{2012}$의 끝수$))$의 끝수입니다.
$9^n (n = 1, 2, 3, \cdots)$의 끝수가 9, 1이 반복해서
나타납니다. $2019 \div 2 = 1009 \cdots 1$이므로
2^{2019}의 끝수는 9입니다.
$2^n (n = 1, 2, 3, \cdots)$의 끝수가 2, 4, 6, 8이 반
복해서 나타납니다. $2019 \div 4 = 5049 \cdots 3$이므로
2^{2012}의 끝수는 6입니다.
따라서 $(2019^{2019} \times 2012^{2012})$의 끝수=$(9 \times 6)$
의 끝수는 4입니다.

(3) $3 + 33 + 333 \times (20 - 2) = 6030$이므로 문제의
식의 끝 세 자리 수는 030(또는 30)입니다.

02 끝수의 성질에서 문제의 끝수는 $(2 \times 4 \times 6 \times 8 \times 2 \times$
$4 \times 6 \times 8 \times 2 \times \cdots \times 8 \times 2 \times 4)$의 끝수와 같습니다.
여기에서 $2 \times 4 \times 6 \times 8$이 반복되었고, 또 2×4를 곱
하였습니다.
따라서 $2 \times 4 \times 6 \times 8$의 끝수=4이므로
문제의 끝수=$4 \times \underbrace{4 \times 4 \times \cdots \times 4}_{\text{4가 201개}} \times 2 \times 4$의 끝수입
니다.

4^n의 끝수는 n이 커짐에 따라 4, 6, 4, 6이 반복되고 $201 \div 4 = 50 \cdots\cdots 1$이므로 끝수는 $4 \times 2 \times 4$의 끝수인 2입니다. 따라서 문제의 끝수는 2입니다.

03
(1) $3 + 6 + 9 + \cdots + 303 = 3 \times (1 + 2 + 3 + \cdots + 101)$
$= 3 \times (1 + 101) \times 101 \div 2 = 15453$

(2) $3 \times 6 \times 9 \times \cdots \times 300 \times 303$
$= 3^{101} \times (1 \times 2 \times 3 \times \cdots \times 101)$
$(1 \times 2 \times 3 \cdots 101)$의 끝수에서 연속한 0의 개수는 5의 개수입니다.
$1 \times 2 \times 3 \times \cdots \times 101$이 가진 5의 개수는
$\left[\dfrac{101}{5}\right] + \left[\dfrac{101}{5^2}\right] = 20 + 4 = 24$(개)입니다.
따라서 $3 \times 6 \times 9 \times \cdots \times 303$을 곱한 값의 끝에는 연속한 24개의 0이 있습니다.

04
2013년과 2014년 이 학교의 학생 수를 순서대로 y^2과 x^2이라고 하면,
$x^2 - y^2 = 101$, 즉 $(x-y) \times (x+y) = 101$입니다.
101은 소수이므로 $101 = 1 \times 101$로만 쪼갤 수 있습니다.
따라서 $(x-y) \times (x+y) = 1 \times 101$이므로
$x - y = 1$ $\cdots\cdots\cdots\cdots$①
$x + y = 101 \cdots\cdots\cdots\cdots$②
입니다.
합차공식(①+②)에 따라, $x = (1 + 101) \div 2 = 51$이므로 $51^2 = 2601$입니다.
따라서 이 학교의 2014년도 학생 수는 2601명입니다.

05
$1 + 2 + 3 + \cdots + n = n \times (n+1) \div 2$입니다.
$n(n+1) \div 2$의 일의 자릿수가 3이므로 $n \times (n+1)$의 일의 자릿수는 $3 \times 2 = 6$입니다. 또 n과 $n+1$이 2개의 연속한 자연수이므로 n의 일의 자릿수는 2나 7만 가능합니다.
또 n과 $(n+1)$이 모두 4의 배수가 아니므로, (그렇지 않으면 $n \times (n+1) \div 2$는 짝수이므로 이미 알고 있는 $n \times (n+1) \div 2$의 일의 자릿수가 3이라는 것과 모순됩니다.) $n \times (n+1) \div 2$의 일의 자릿수가 3일 때 n은 순서대로 2, 17, 22, 37, 42, $\cdots$입니다.
하나씩 계산하면, $n = 37$일 때
$1 + 2 + 3 + \cdots + 37 = 703$으로 문제의 조건에 맞습니다.
따라서 문제의 조건에 맞는 가장 작은 $n = 37$입니다.

서술형문제는 반드시 풀이를 확인하세요.

01
(1) 1!, 2!, 3!, 4!의 끝수는 각각 1, 2, 6, 4이고 $n!(n \geq 5)$의 끝수는 0입니다.
(2) 4, 4   (3) 3

02 3   03 69

04 42살   05 3059

01
(1) 1!의 일의 자릿수는 1이고,
2!의 일의 자릿수는 2이고,
3!의 일의 자릿수는 6이고,
4!의 일의 자릿수$= 1 \times 2 \times 3 \times 4$의 일의 자릿수 $= 4$이고, 5!의 일의 자릿수$= 1 \times 2 \times 3 \times 4 \times 5$의 일의 자릿수$= 0$입니다.
즉, $n \geq 5$일 때, $n!$의 일의 자릿수$= (5!) \times 6 \times 7 \times \cdots \times n$의 일의 자릿수$= 0 \times (6 \times 7 \times \cdots \times n$의 일의 자릿수$)$의 일의 자릿수$= 0$입니다.
또는 5!부터 모든 $n!(n \geq 5)$가 모두 $2 \times 5 = 10$을 가지므로, $n!(n \geq 5)$의 일의 자릿수는 모두 0입니다.

(2) 등식의 좌변은 $3 \times 8 = 24$의 일의 자릿수 4이므로 등식 우변의 □ 안에는 4나 9이어야 합니다.
등식 우변의 □ 안에 4를 넣으면
$8256 \times 3\boxed{4} \div 6528 = 43$이므로 등식 좌변의 □안의 수도 4입니다.
등식 우변의 □안에 9를 넣으면 $8256 \times 3\boxed{9}$는 6528로 나누어떨어지지 않습니다.
따라서 등식 양변의 □안에는 모두 4를 넣습니다.

(3) 어느 두 자리 수의 완전 제곱은 최대 네 자리 수가 됩니다. 4444는 완전제곱수가 아니므로, 끝부분이 4개의 4가 될 수 없습니다. 또 어떤 수의 완전제곱의 끝수가 4라면 두 자리 수의 끝수는 2나 8입니다. 이 두 자리 수를 $\overline{a2}$나 $\overline{a8}$이라고 합니다. $a = 1, 2, 3, 4, \cdots$를 계산하면 $a = 3$일 때 $38^2 = 1444$입니다. 따라서 최대 3개의 4가 있습니다.

02
$3^{25} \div 10$의 나머지$= 3^{25}$의 끝수입니다.
$3^n (n = 1, 2, 3, \cdots)$의 끝수는 3, 9, 7, 1 4개의 숫자가 반복하여 나타나고, 또 $25 \div 4 = 6 \cdots\cdots 1$이므로 3^{25}의 끝수$= 3$입니다. 따라서 각 상자에 10개씩 담는다면 마지막에 3개가 남습니다.

03 먼저 구체적으로 한번 살펴봅시다.

1부터 10사이에 문제의 조건과 같은 성질을 갖는 a는 1, 4, 5, 6, 9, 10(모두 6개)입니다.

11부터 20사이에 문제의 조건과 같은 성질을 갖는 a는 11, 14, 15, 16, 19, 20(모두 6개)입니다.

위에서 살펴본 내용에 따르면, 1부터 10개의 수까지 문제의 조건과 같은 성질을 갖는 수는 6개이고, 이 6개 수의 끝수는 순서대로 1, 4, 5, 6, 9, 0입니다. 그 끝수의 앞의 수는 6개의 숫자가 반복된 횟수를 보면 알 수 있습니다.

$41 \div 6 = 6 \cdots\cdots 5$이므로 41번째의 자연수는 십의 자리가 6이고, 끝수는 9(끝수 중 5번째 수인 9)이므로 41번째 자연수는 69입니다.

[주의] 만약 83번째의 이러한 자연수는 얼마인지를 묻는다면 $83 \div 6 = 13 \cdots\cdots 5$이므로 이 자연수는 139입니다.

04 아버지의 나이를 x세라고 하면, 문제의 조건에 따라 $1512 \times x$는 완전제곱수입니다.

$1512 = 2^3 \times 3^3 \times c \times 7$이므로 $1512 \times x$가 완전제곱수가 되려면 x의 최솟값은 $2 \times 3 \times 7 = 42$(이때 $1512 \times x = (2^3 \times 3^3 \times 7) \times (2 \times 3 \times 7) = 2^4 \times 3^4 \times 7^2 = (2^2 \times 3^3 \times 7)^2$은 완전제곱수입니다.)입니다.

직접 계산해도 $x = 42$가 적합하므로 아버지의 나이는 42살입니다.

05 이런 자연수를 $\square$2003이라고 합니다. 이 수는 반드시 17의 배수(즉, 17로 나누어떨어집니다.)입니다.

$\square$2003÷17에 대하여 일의 자리부터 시작하여 오른쪽에서 왼쪽으로 나눗셈 계산(아래 세로식 참고)하면 구하려는 가장 작은 자연수는 3059입니다.

```
              3 0 5 9
    1 7 ) □ 2 0 0 3
          5 1
          1 0 0
            8 5
          1 5 3
          1 5 3
                0
```

서술형문제는 반드시 풀이를 확인하세요.

01 (1) 146　(2) 500　(3) 홀수, 홀수
　　(4) 홀수　(5) 짝수

02 21　　　**03** 78, 22

04 2　　　**05** 31

01 (1) 두 소수의 합이 75(홀수)이므로 이 두 소수는 반드시 홀수 1개와 짝수 1개입니다. 그리고 2는 유일하게 짝수인 소수이므로 $75 = 2 + (75-2) = 2 + 73$입니다. 따라서 두 소수의 곱은 $2 \times 73 = 146$입니다.

(2) 뒤에 있는 짝수는 바로 앞의 홀수보다 1이 큽니다. 따라서 1부터 1000까지의 1000개의 수 가운데 짝수의 합은 홀수의 합보다 $1 \times 500 = 500$이 큽니다.

(3) $21 + 22 + 23 + 24 + \cdots + 88 + 89$의 홀짝성과 $21 + 23 + \cdots + 89$의 홀짝성이 같고, 뒤의 식은 홀수 35개의 합으로 반드시 홀수이므로 $21 + 22 + 23 + 24 + \cdots + 89$는 홀수입니다.

$21 + 22 + 23 + 24 + \cdots + 87 + 89$에서 어떤 +를 −로 바꾸어도 그 홀짝성은 변화가 없습니다. 따라서 바꾼 후의 결과도 홀수입니다.

(4) 문제에서 주어진 계산식에서 빼지는 식에 홀수가 42개이므로 빼지는 식의 수는 짝수이고, 빼는 식에는 홀수가 17개이므로 빼는 식의 수는 홀수입니다. 따라서 계산식의 결과는 홀수입니다.

(5) 각 괄호 안의 합은 모두 홀수이고, $2016 \div 2 = 1008$이므로 홀수 1008개를 더한 결과는 짝수입니다. 따라서 계산식의 결과는 짝수입니다.

02 어떤 홀수를 x라고 하면, 이 수와 이웃한 2개의 홀수는 각각 $x+2$, $x-2$입니다.

2개의 곱의 차가 84이므로 등식을 만들면, $x \times (x+2) - x \times (x-2) = 84$, 즉 $x \times \{(x+2) - (x-2)\} = 84$, $x \times (x+2-x+2) = 84$, $x \times 4 = 84$, $x = 84 \div 4 = 21$입니다.

따라서 어떤 홀수는 21입니다.

03 2개의 두 자리 수를 a와 $b(a>b)$라고 하면, $a-b=56$이고, $a^2-b^2=(a-b)\times(a+b)$에서 $(a-b)$와 $(a+b)$의 홀짝성이 같으므로 $a+b$는 짝수입니다. 또 a^2과 b^2의 끝의 두 자리 수가 같으므로 $a^2-b^2=56\times(a+b)$의 끝의 두 자릿수는 00입니다. 따라서 $56\times(a+b)=M\times100$(M은 어떤 자연수), 즉, $14\times(a+b)=M\times25$입니다.

14와 25는 서로소이고 $a+b$는 짝수이므로 $(a+b)$는 25의 배수 중 짝수이고, 56$(56=a-b$이므로$)$보다 큽니다. 따라서 $a+b=4\times25$, 6×25, $\cdots$입니다. 그러나 $a+b=6\times25$, $\cdots$일 때, a와 b는 두 자리 수가 될 수 없습니다.

오직, $a+b=4\times25=100$일 때, $a-b=56$이므로 '합차공식'에 따라 $a=(100+56)\div2=78$, $b=(100-56)\div2=22$로 모두 두 자리 수이고, 문제의 조건에 맞습니다.

따라서 2개의 두 자리 수는 각각 78과 22입니다.

04 긴 끈을 m조각, 짧은 끈을 n조각$(m, n$은 자연수$)$이라고 하면, $14\times m+5\times n=93$입니다.

93은 홀수이고 $14\times m$은 짝수$(m$이 어떤 자연수이든 상관없습니다.$)$이므로 $5\times n$은 반드시 홀수이어야 합니다. 따라서 n은 반드시 홀수(따라서 $5\times n$의 끝수는 5입니다.)입니다.

끝수 관계에서 $93-\square5=\bigcirc8$,

여기에서 $\square$, $\bigcirc$는 어느 2개의 숫자입니다.

또 $14\times m=\bigcirc8$이므로 m은 2나 7만 가능합니다. 그러나 $m=7$일 때 $14\times7=98>93$이므로 문제의 조건에 맞지 않습니다. 그러므로 $m=2$입니다.

이때 $n=(93-14\times2)\div5=13$입니다.

따라서 긴 끈을 2개 샀습니다. (짧은 끈은 13개 샀습니다.)

05 $a\leq b$라고 생각해도 무방합니다.

$a=1$일 때, $c=2\times b+1$은 3~46 사이의 모든 홀수를 나타내므로 22개입니다. 즉, 여기에 있는 홀수 3, 5, 7, $\cdots$, 45는 모두 좋은 수이고 총 22개입니다.

$a=2$일 때, $c=3\times b+2$에서 홀수는 모두 좋은 수이므로 b는 반드시 짝수인 8, 14, 20, 26, 32, 38, 44$(b=2$, 4, 6, 8, 10, 12, 14일 때 대응하는 c의 값$)$로 모두 7개의 좋은 수입니다.

$a=3$일 때, $c=4\times b+3$은 모두 홀수이므로 $a=1$인 경우에 다 속합니다.

$a=4$일 때, $c=5\times b+4$에서 $a=2$인 경우에 속하지 않은 2개의 좋은 수는 24와 34입니다.

$a=5$일 때, $c=6\times b+5$는 모두 홀수이므로 $a=1$인 경우에 다 속합니다.

$a\geq6$일 때, $c\geq7\times6+6=48$로 1~46의 범위를 넘었습니다.

따라서 1~46 사이에는 좋은 수가 모두 $22+7+2=31$(개)입니다.

서술형문제는 반드시 풀이를 확인하세요.

01 (1) 195,180 (2) 12,14,16,18 (3) 될 수 없습니다.

02 (1) 남을 수 없습니다. (2) 13개

03 4쌍 **04** 265명 **05** 195

01 (1) 3과 5가 서로소이므로 동시에 3과 5로 나누어떨어지는 수는 $3\times5=15$의 배수입니다.

200 이하$(200\div15=13\cdots\cdots5$이므로$)$의 수 중에서 동시에 3과 5로 나누어떨어지는 가장 큰 홀수는 $13\times15=195$이고, 가장 큰 짝수는 $12\times15=180$(또는 $195-15=180$)입니다.

(2) $\overline{A838A}$가 짝수 4개의 곱이고, $A\neq0$이므로 서로 이웃한 짝수 4개의 일의 자리는 모두 0이 아닙니다. 따라서 서로 이웃한 짝수 4개는 $\overline{a2}$, $\overline{a4}$, $\overline{a6}$, $\overline{a8}$입니다. $\overline{a2}\times\overline{a4}\times\overline{a6}\times\overline{a8}$의 일의 자리는 $2\times4\times6\times8$의 일의 자릿수인 4이므로 $A=4$입니다. 따라서 짝수 4개의 곱은 48384이고, 쪼개어 보면 $48384=12\times14\times16\times18$이며, 서로 이웃한 짝수 4개의 곱이므로 이 4개의 짝수는 각각 12, 14, 16, 18입니다.

(3) 될 수 없습니다. 홀수 5개의 합은 짝수 20이 될 수 없기 때문입니다.

02 (1) 1, 3, 5는 모두 홀수이고, 문제와 같이 시행하면 첫 번째 과정 후에 생긴 3개의 수는 반드시 홀수 2개와 짝수 1개입니다. 이때 어떻게 계속 바꾸던지 간에(만약 홀수 2개와 짝수 1개 중에서 짝수 1개를 없애면 채워 넣은 수는 여전히 짝수입니다. 만약 홀수 2개와 짝수 1개 중에서 홀수 1개를 없애면 채워 넣은 수는 여전히 홀수입니다.) 이 3개의 수는 모두 홀수 2개와 짝수 1개이므로 짝수 2개와 홀수 1개(36, 92, 129)가 될 수 없습니다. 따라서 마지막에 36, 92, 129를 구할 수 없습니다.

(2) 9, 9, 7, 1이 모두 홀수이고 홀수 4개를 더하고 빼
면 짝수가 되므로, +, −부호를 넣어서 7과 9를
구할 수 없습니다. 따라서 5개의 계산식에서 적어
도 2개는 ÷부호를 사용해야 합니다. +, −를
가장 많이 사용한 개수는 5×3−2=13(개)입니다.
방법은 아래와 같습니다.

$6=9-9+7-1, 7=9-9+7\div1$

(또는 $9\div9+7-1$), $8=9-9+7+1$,

$9=9\div9+7+1, 10=9+9-7-1$

03 만약 2개의 수가 모두 홀수라면, 그 곱은 홀수이고,
그 합은 짝수입니다. 당연히 홀수는 짝수로 나누어떨
어지지 않으므로, 2개의 홀수는 좋은 수가 될 수 없습
니다. 따라서 두 수가 (짝, 짝) 또는 (짝, 홀)인 경우만
생각하면 됩니다.
차례로 나열하는 방법으로 세어보면
$(3, 6), (4, 12), (6, 12), (10, 15)$의 4쌍의 좋은
수가 있습니다. **예** ($(3\times6)\div(3+6)=2$이므로 $(3,$
$6)$은 1쌍의 좋은 수입니다. (3×8)은 $(3+8)$로 나
누어떨어지지 않으므로, $(3, 8)$은 좋은 수가 아닙니
다.)

04 문제의 조건에서 여름캠프에 참가한 학생 수는 여학
생 수의 2배보다 16명 더 많고 짝수이므로 C=4입니
다. 따라서 $\overline{ABC}$는 154와 514의 경우만 있습니다.
두 번째 조건에서 여름캠프에 참가한 학생 수를 7로
나누면 나머지는 3입니다.
154와 514중에서 $514\div7=73\cdots3$이므로 여름캠
프에 참가한 학생은 514명이고, 그 중 남학생은
$(514+16)\div2=265$(명)입니다.

05 '홀×홀=홀'이므로 2개의 두 자리 수는 반드시 홀
수입니다. 또 $10\times20=200$이므로 이 2개의 두 자리
홀수의 십의 자릿수는 1입니다.
만약 2개의 두 자리 홀수 가운데 하나가 11이라면, 이
수와 각 자릿수가 모두 홀수인 두 자리 홀수의 곱의
십의 자릿수는 반드시 짝수이므로 조건에 맞지 않으
므로 이 2개의 두 자리 홀수는 모두 최소한 13입니다.
$200\div13<16$이고, $13\times13=169$는 6이 짝수이며,
$13\times15=195, 15\times15=225>200$이므로 이 2개
의 두 자리 수는 13과 15이어야 조건에 맞습니다.
따라서 두 수의 곱은 $13\times15=195$입니다.

연습문제 13 A형 139~141쪽

서술형문제는 반드시 풀이를 확인하세요.

01 (1) (생략) (2) $\frac{2}{9}$, (단위분수) $\frac{1}{9}$

(3) $x=0$, $0<x<15$, $x\geq15$

(4) ① $\frac{2}{8}$ (또는 $\frac{1}{4}$) ② $\frac{2}{9}$

02 (1) $\frac{3}{11}$ (2) $\frac{12}{23}$

03 순서대로 18, 0, 8, 26, 7.5

04 $\frac{15}{33}$

05 (1) 9 (2) 6

---

01 (1) 다음 그림에서 선분이 총 5cm이므로 한 칸의
길이는 1cm입니다.

$\frac{2}{5}$의 위치는 아래 그림과 같이 선분 위의 5등

분점의 2번째 점으로 $1\times2=2$cm입니다.

$\frac{11}{15}$의 위치는 아래 그림과 같이 선분 전체를

15등분한 후(즉, 한 칸을 3등분합니다.)

11번째 점이므로 $3\frac{2}{3}(=3.\dot{6}$cm$)$입니다.

(2) 한 자리 수 중에서 가장 큰 합성수는 9이고, 가장
작은 소수는 2이므로 이 분수는 $\frac{2}{9}$입니다.

또, 이 분수의 단위분수는 $\frac{1}{9}$입니다.

(3) $x=0$일 때, $\frac{x}{15}$는 0입니다.

x가 0보다 크고 15보다 작은 수일 때

(즉 $0<x<15$), $\frac{x}{15}$는 진분수입니다.

x가 15와 같거나 클 때(즉 $x\geq15$), $\frac{x}{15}$는

가분수입니다.

(4) ① 아래의 그림과 같이 네 점 E, G, F, H는 각각 AO, CO, BG, DE의 중점입니다. EB를 연결하면, 대칭 성질에 따라

$S_{\triangle HEG} = S_{\triangle FGE}$

$S_{\triangle FGE} = S_{\triangle FEB} = S_{\triangle BEG}$

$= S_{\triangle BEO} = S_{\triangle BAO}$

$= S_{\triangle BAC} = S_{\square ABCD}$

따라서

$S_{어두운부분} = S_{\triangle HEG} = S_{\triangle FGE}$

$= 2 \times \dfrac{1}{8} \times S_{\square ABCD}$

$= \dfrac{1}{4} \times S_{\square ABCD}$입니다.

② 색칠한 부분을 포함하는 삼각형은 전체 삼각형의 $\dfrac{1}{3}$이고, 색칠한 부분은 아래의 삼각형의 3등분한 삼각형 중에서 2개이므로 어두운 부분은 전체의 큰 삼각형의 $3 \times 3 = 9$등분한 삼각형 중에서 2개입니다.

따라서 넓이는 전체 삼각형 넓이의 $\dfrac{2}{9}$입니다.

02 (1) $6933 = 3 \times 2311$, $25421 = 11 \times 2311$

이므로 $\dfrac{6933}{25421} = \dfrac{3 \times 2311}{11 \times 2311} = \dfrac{3}{11}$입니다.

(2) $1212 = 12 \times 101$,

$121212 = 12 \times 10101$,

$12121212 = 12 \times 1010101$,

$1212121212 = 12 \times 101010101$

비슷하게

$2323232323 = 23 \times 101010101$이므로

$\dfrac{1212121212}{2323232323} = \dfrac{12 \times 101010101}{23 \times 101010101}$

$= \dfrac{12}{23}$입니다.

03 $24 \div 4 = 6$이므로 $4 \times 6 = 24$이고,

$3 \times 6 = 18$이므로 $\dfrac{3}{4} = \dfrac{(18)}{24}$이고,

$0.6 \div 3 = 0.2$이므로 $3 \times 0.2 = 0.6$이고,

$4 \times 0.2 = 0.8$이므로 $\dfrac{3}{4} = \dfrac{0.6}{(0.8)}$이고,

$2 \times 12 \div 3 = 8$이므로 $3 \times 8 = 2 \times 12$이고,

$4 \times 8 = 32$, $32 - 6 = 26$이므로

$\dfrac{3}{4} = \dfrac{2 \times 12}{6 + (26)}$이고, $(9+5) \div 4 = 3.5$이므로

$4 \times 3.5 = (9+5)$이고, $3 \times 3.5 = 10.5$,

$18 - 10.5 = 7.5$이므로

$\dfrac{3}{4} = \dfrac{18 - (7.5)}{9 + 5}$입니다.

04 원래 분수의 분모를 $11 \times$ '분', 분자를 $5 \times$ '분'이라고 한다면, 조건에 의해

$1 \times$ '분'은 $48 \div (5 + 11) = 3$입니다.

따라서 원래의 분수는 $\dfrac{5 \times 3}{11 \times 3} = \dfrac{15}{33}$입니다.

05 (1) $\dfrac{3}{101} = 0.\dot{0}29\dot{7}$, $2015 \div 4 = 503 \cdots 3$

이므로 2015번째 자리는 순환마디 0297의 3번째 자리인 9입니다.

(2) $\dfrac{140}{111} = 1.\dot{2}6\dot{1}$, $(2016-1) \div 3 = 671 \cdots 2$

입니다. 그러므로 자연수를 포함하여 2016번째 자릿수는 6입니다.

연습문제 13 B형 142~143쪽

서술형문제는 반드시 풀이를 확인하세요.

01 (1) 14 (2) 8 **02** 8개 **03** 13개

04 $\dfrac{18}{45}$ **05** 4

---

01 (1) $3 + 6 = 9 = 3 \times 3$, 원래 분수의 크기가 변하지 않으려면, 분모에 더한 수 역시 그 합이 7의 3배가 되어야 합니다. 따라서 더한 수는

$7 \times (3-1) = 14$입니다.

(2) 자연수를 x라고 하면, $\dfrac{1+x}{7+x} = \dfrac{3}{5}$입니다.

즉 $5 \times (1+x) = 3 \times (7+x)$입니다.

따라서 $x = 8$입니다. 즉, 이 자연수는 8입니다.

02 $420 = 2^2 \times 3 \times 5 \times 7$입니다. 따라서 420을 두 수(즉, 분모와 분자에서 분모>분자이며, 또 1보다 큰 공약수가 없는 수)의 곱으로 나눌 때, 다음과 같은 8가지 경우가 생깁니다. 단, $2^2 = 2 \times 2$입니다.

$420 = 1 \times (2^2 \times 3 \times 5 \times 7) = 1 \times 420$,

$2^2 \times (3 \times 5 \times 7) = 4 \times 105$,

$3 \times (2^2 \times 5 \times 7) = 3 \times 140$,

$5 \times (2^2 \times 3 \times 7) = 5 \times 84$,

$7 \times (2^2 \times 3 \times 5) = 7 \times 60$,

$(2^2 \times 3) \times (5 \times 7) = 12 \times 35$,

$(2^2 \times 5) \times (3 \times 7) = 20 \times 21$,

$(3 \times 5) \times (2^2 \times 7) = 15 \times 28$입니다.

따라서 문제의 조건에 맞는 분수는 다음과 같이 8개입니다.

$\dfrac{1}{420}$	$\dfrac{4}{105}$	$\dfrac{3}{140}$	$\dfrac{5}{84}$	$\dfrac{7}{60}$	$\dfrac{12}{35}$	$\dfrac{20}{21}$	$\dfrac{15}{28}$

03 $\frac{1}{2}=\frac{3}{6}$, $7=\frac{42}{6}$, $41-3=38$이므로

$\frac{1}{2}$보다 크고, 7보다 작고, 분모가 6인 분수는 38개입니다.

$$\frac{4}{6}, \frac{5}{6}, \frac{6}{6}, \frac{7}{6}, \cdots, \frac{40}{6}, \frac{41}{6}$$

분모 $6=2\times3$이므로 위에서 나열한 분수 가운데 분자가 2의 배수인 수와 3의 배수인 수는 모두 분모와 약분할 수 있으므로 기약분수가 아닙니다. 따라서 먼저 38개 중에서 분자가 2의 배수인 19개(($41-3)\div2=19$)를 제외하고, 그 다음 3의 배수이면서 2의 배수가 아닌 수 6개를 제외하면, $38-19-6=13$입니다. 따라서 기약분수는 13개입니다.

04 이 수열을 관찰해보면, 분모가 $n(n=1, 2, 3,\cdots)$인 분수는 $2\times n$개입니다.

n까지의 합이 대략 $2001\div2=1000.5$에 가까운 수는 $n=44$일 때이므로

$2\times(1+2+3+\cdots+44)$
$=2\times(1+44)\times44\div2=1980$입니다.

따라서 $2015-1980=35$이므로 2015번째 분수는 분모가 45인 분수의 35번째 분수로 $\frac{18}{45}$입니다.

05 $\frac{a}{7}$가 진분수이므로 a는 1, 2, 3, 4, 5, 6만 가능합니다.

$\frac{1}{7}=0.\dot{1}4285\dot{7}$, $\frac{2}{7}=0.\dot{2}8571\dot{4}$,

$\frac{3}{7}=0.\dot{4}2857\dot{1}$, $\frac{4}{7}=0.\dot{5}7142\dot{8}$,

$\frac{5}{7}=0.\dot{7}1428\dot{5}$, $\frac{4}{7}=0.\dot{8}5714\dot{2}$이고,

$2014\div6=335\cdots4$,

$9062\div(1+4+2+8+5+7)=335\cdots17$
이고,

$5+7+1+4=17$이므로 $a=4$입니다.

01 분수의 분모는 8, 분자는 $4\times8=32$보다 작은 홀수(짝수는 약분되므로 문제의 조건에 맞지 않습니다.)인 1, 3, 5, 7, $\cdots$, 31입니다. 따라서 분자의 합 $=1+3+5+\cdots+31=(1+31)\times16\div2$ $=256$입니다.

$256\div8=32$이므로 분수의 합은 32입니다.

02 먼저 주어진 6개의 수를 소수로 고칩니다.

$\frac{2}{3}=0.\dot{6}$, $\frac{5}{9}=0.\dot{5}$, $\frac{13}{25}=0.52$, $\frac{24}{47}=0.510\cdots$

그리고, 주어진 6개의 수를 큰 수에서 작은 수로 배열하면,

$\frac{2}{3}, \frac{5}{9}, \frac{13}{25}, 0.5\dot{1}, 0.5\dot{1}, \frac{24}{47}$ 입니다.

$0.5\dot{1}$은 8개의 수 가운데 작은 수에서 큰 수의 순서로 배열하면 4번째 수, 즉 큰 수에서 작은 수의 순서로 배열하면 5번째 수가 됩니다. 그리고 $0.5\dot{1}$은 위의 설명대로 주어진 6개의 수의 배열 순서에서 5번째입니다. 이것은 나머지 2개의 모르는 수는 반드시 $0.5\dot{1}$보다 작다는 것을 설명합니다.

따라서 이 8개의 수 가운데 4번째로 큰 수는 $0.5\dot{1}$입니다.

03 $15=3\times5$, 3과 5는 서로소이므로 16부터 30사이에는 기약분수가 될 수 없는 분자가 7개(약수 3이나 5를 가진 수인 18, 20, 21, 24, 25, 27, 30 총 7개)이고, 분자가 될 수 있는 남은 수는 $15-7=8$(개)입니다. 마찬가지로 31부터 45 사이에는 분자가 될 수 없는 수가 7개, 분자가 될 수 있는 수가 8개 있습니다. 규칙을 찾아보면 15개의 수마다 분자가 될 수 있는 수는 8개입니다(분자가 될 수 없는 수는 7개입니다).

$99\div8=12\cdots3$이고, $12\times15=180$, $180+15=195$입니다. 또 3이 남으므로 다시 196, 197, 198, 199에서 분자가 될 수 없는 198을 제외하면 3개가 남습니다.

196, 197, 199는 분자가 될 수 있습니다.

따라서 가장 간단한 99번째의 가분수의 분자는 199입니다.

04 수열 $\frac{1}{3}, \frac{3}{6}, \frac{5}{9}, \frac{7}{12}, \frac{9}{15}, \frac{11}{18}, \cdots$에서 n번째 수는 $\frac{2\times n-1}{3\times n}$입니다.

따라서 30번째 수는 $\frac{2\times30-1}{3\times30}=\frac{59}{90}$입니다.

연습문제 14 A형
155~156쪽

서술형문제는 반드시 풀이를 확인하세요.

01 (1) 1.5 (2) $2\frac{25}{28}$ (3) $\frac{62}{63}$ (4) $\frac{1}{32}$

02 (1) $81\frac{2}{5}$ (2) 2475

03 $\frac{8}{9} > \frac{7}{8}$

04 12

05 $\frac{1}{6}$, $\frac{1}{3}$, $\frac{1}{6}$, $\frac{1}{2}$

01

(1) $\dfrac{2}{5} + 3.6 - \dfrac{10}{4} = 0.4 + 3.6 - 2.5 = 1.5$

(2) $\dfrac{1}{4} + 2.5 + \dfrac{1}{7}$

$= \dfrac{1}{4} + \dfrac{25}{10} + \dfrac{1}{7}$

$= \dfrac{1}{4} + \dfrac{5}{2} + \dfrac{1}{7}$

$= \dfrac{7}{28} + \dfrac{70}{28} + \dfrac{4}{28}$

$= \dfrac{7+70+4}{28}$

$= \dfrac{81}{28} = 2\dfrac{25}{28}$

(3) $\dfrac{73}{9} + \dfrac{31}{9} - \dfrac{74}{7}$

$= 8 + \dfrac{1}{9} + 3 + \dfrac{4}{9} - 10 - \dfrac{4}{7}$

$= (8+3-10) + \left(\dfrac{1}{9} + \dfrac{4}{9} - \dfrac{4}{7}\right)$

$= 1 + \dfrac{35}{63} - \dfrac{36}{63}$

$= \dfrac{63+35-36}{63}$

$= \dfrac{62}{63}$

(4) $1 - \dfrac{1}{2} - \dfrac{1}{4} - \dfrac{1}{8} - \dfrac{1}{16} - \dfrac{1}{32}$

$= \dfrac{32-16-8-4-2-1}{32}$

$= \dfrac{1}{32}$

02

(1) $1 + \dfrac{19}{6} + \dfrac{61}{12} + \dfrac{141}{20} + \dfrac{271}{30} + \dfrac{463}{42}$

$+ \dfrac{729}{56} + \dfrac{1081}{72} + \dfrac{1531}{90}$

$= 1 + \left(3 + \dfrac{1}{6}\right) + \left(5 + \dfrac{1}{12}\right) + \left(7 + \dfrac{1}{20}\right)$

$+ \left(9 + \dfrac{1}{30}\right) + \left(11 + \dfrac{1}{42}\right) + \left(13 + \dfrac{1}{56}\right)$

$+ \left(15 + \dfrac{1}{72}\right) + \left(17 + \dfrac{1}{90}\right)$

$= (1+3+5+7+9+11+13+15+17)$

$+ \dfrac{1}{2 \times 3} + \dfrac{1}{3 \times 4} + \dfrac{1}{4 \times 5} + \dfrac{1}{5 \times 6}$

$+ \dfrac{1}{6 \times 7} + \dfrac{1}{7 \times 8} + \dfrac{1}{8 \times 9} + \dfrac{1}{9 \times 10}$

$= 81 + \dfrac{1}{2} - \dfrac{1}{10} = 81 + \dfrac{4}{10} = 81 + \dfrac{2}{5}$

$= 81\dfrac{2}{5}$

(2) 분모를 $n\,(n=2,\ 3,\ 4,\ \cdots,\ 100)$으로 통분한 분수를 서로 더하면,

$\dfrac{1+2+\cdots+(n-1)}{n} = \dfrac{n-1}{2}$,

$(n=2,\ 3,\ 4,\ \cdots,\ 100)$,

즉, 주어진 식 $= \dfrac{[1+2+\cdots+99]}{2}$

$= \dfrac{100 \times 99}{2 \times 2} = 2475$입니다.

---

03 $\dfrac{8}{9} = \dfrac{64}{72}$, $\dfrac{7}{8} = \dfrac{63}{72}$, $64 > 63$이므로

$\dfrac{8}{9} > \dfrac{7}{8}$입니다.

---

04 주어진 부등식을 각각 17로 나누면

$\dfrac{7}{5} < \dfrac{17}{\Box} < \dfrac{10}{7}$입니다.

$\dfrac{7 \div 7}{5 \times 17 \div 7} < \dfrac{1}{\Box} < \dfrac{10 \div 10}{7 \times 17 \div 10}$,

즉, $\dfrac{1}{12.1\cdots} < \dfrac{1}{\Box} < \dfrac{1}{11.9\cdots}$ 입니다.

따라서 $\Box = 12$일 때, 위의 식이 성립합니다.

05 알파벳을 다음 그림처럼 정합니다.

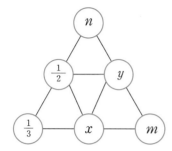

주어진 조건에 따르면

$x = 1 - \dfrac{1}{2} - \dfrac{1}{3} = \dfrac{6-3-2}{6} = \dfrac{1}{6}$ 입니다.

$y = 1 - \dfrac{1}{2} - x = 1 - \dfrac{1}{2} - \dfrac{1}{6} = \dfrac{6-3-2}{6} = \dfrac{2}{6} = \dfrac{1}{3}$

입니다.

$n = 1 - \dfrac{1}{2} - y = 1 - \dfrac{1}{2} - \dfrac{1}{3} = \dfrac{6-3-2}{6} = \dfrac{1}{6}$ 입니다.

$m = 1 - x - y = 1 - \dfrac{1}{6} - \dfrac{1}{3} = \dfrac{6-1-2}{6}$

$= \dfrac{3}{6} = \dfrac{1}{2}$ 입니다.

연습문제 14 [B형]   157~158쪽

서술형문제는 반드시 풀이를 확인하세요.

01 (1) 55 (2) 6

02 $\dfrac{48}{47} < \dfrac{16}{15} < \dfrac{96}{89} < \dfrac{12}{11} < \dfrac{32}{29}$

(분자를 같게 합니다.)

03 104($n = 2, 3, 4, \cdots, 14$)

04 $\dfrac{35}{70} = \dfrac{48}{96} = \dfrac{1}{2}$, $\dfrac{45}{90} = \dfrac{38}{76} = \dfrac{1}{2}$

05 27

---

01 (1) 분모가 n인 분수의 분자의 합이

$1 + 2 + \cdots + (n-1) + n + (n-1) + \cdots + 2 + 1$
$= \{n(n+1) \div 2\} \times 2 - n = n^2 + n - n = n^2$

이면, 분모가 n인 분수의 합은 $n^2 \div n = n(n = 1, 2, \cdots, 10)$입니다.

따라서 주어진 식 $= 1 + 2 + 3 + \cdots + 10 = 55$입니다.

(2) 36이하의 수 중에서 36과 서로소인 수는

1, 5, 7, 11, 13, 17, 19, 23, 25, 29, 31, 35로 총 12개입니다. 이 수들과 분모 36으로 이루어진 가장 간단한 진분수의 합은

$\dfrac{1}{36} + \dfrac{5}{36} + \dfrac{7}{36} + \dfrac{11}{36} + \dfrac{13}{36} + \dfrac{17}{36} + \dfrac{19}{36}$

$+ \dfrac{23}{36} + \dfrac{25}{36} + \dfrac{29}{36} + \dfrac{31}{36} + \dfrac{35}{36}$

$= \left(\dfrac{1}{36} + \dfrac{35}{36} \right) + \left(\dfrac{5}{36} + \dfrac{31}{36} \right) + \left(\dfrac{7}{36} + \dfrac{29}{36} \right)$

$+ \cdots + \left(\dfrac{17}{36} + \dfrac{19}{36} \right)$

$= \dfrac{36}{36} \times 6 = 1 \times 6 = 6$입니다.

02 96은 분자 32, 12, 96, 48, 16의 최소공배수이므로 주어진 분수를 분자가 같은 분수로 만들 수 있습니다.

$\dfrac{32}{29} = \dfrac{32 \times 3}{29 \times 3} = \dfrac{96}{87}$, $\dfrac{12}{11} = \dfrac{12 \times 8}{11 \times 8} = \dfrac{96}{88}$,

$\dfrac{96}{89} = \dfrac{96}{89}$, $\dfrac{48}{47} = \dfrac{48 \times 2}{47 \times 2} = \dfrac{96}{94}$,

$\dfrac{16}{15} = \dfrac{16 \times 6}{15 \times 6} = \dfrac{96}{90}$ 입니다.

분자가 같은 분수에서는 분모가 클수록 작은 수이고, 분모가 작을수록 큰 수입니다.

따라서 크기를 비교하면,

$\dfrac{48}{47} < \dfrac{16}{15} < \dfrac{96}{89} < \dfrac{12}{11} < \dfrac{32}{29}$ 입니다.

03 $\dfrac{7}{18} = 0.388\cdots$, $\dfrac{1}{5} = 0.2$, $\dfrac{20}{7} = 0.85\cdots$ 이므로

문제의 부등식은 $0.388\cdots < 0.2 \times n < 2.85\cdots$ 입니다.

$n = 2, 3, 4, \cdots, 14$는 위의 부등식을 만족시킵니다.

따라서 문제의 부등식을 만족시키는 자연수 n의 합은

$2 + 3 + 4 + \cdots + 14 = 104$입니다.

04 숫자를 넣어 분모가 분자의 2배가 되어야 합니다. 계산을 통해 다음과 같은 2가지 방법을 구할 수 있습니다.

$$\dfrac{\boxed{3}\,\boxed{5}}{\boxed{7}\,\boxed{0}} = \dfrac{\boxed{4}\,\boxed{8}}{\boxed{9}\,\boxed{6}} = \dfrac{\boxed{1}}{\boxed{2}} ,$$

$$\dfrac{\boxed{4}\,\boxed{5}}{\boxed{9}\,\boxed{0}} = \dfrac{\boxed{3}\,\boxed{8}}{\boxed{7}\,\boxed{6}} = \dfrac{\boxed{1}}{\boxed{2}}$$

05 a, b, c, d, e가 나이이므로 모두 자연수이고,

$a=2 \times b$, $a=3 \times c$, $a=4 \times d$, $a=6 \times e$입니다.

따라서 $b=\dfrac{1}{2} \times a$, $c=\dfrac{1}{3} \times a$, $d=\dfrac{1}{4} \times a$,

$e=\dfrac{1}{6} \times a$입니다. 그러므로

$$a+b+c+d+e=\left(1+\dfrac{1}{2}+\dfrac{1}{3}+\dfrac{1}{4}+\dfrac{1}{6}\right) \times a$$
$$=\dfrac{27}{12} \times a$$입니다.

a는 자연수이므로 $a=12$일 때,

$$a+b+c+d+e=\dfrac{27}{12} \times 12=(27 \div 12) \times 12$$
$$=27 \div (12 \div 12)$$
$$=27 \div 1=27$$

이 가장 작은 자연수가 됩니다.

따라서 $a+b+c+d+e$의 최솟값은 27입니다.

연습문제 14   C형   159쪽

서술형문제는 반드시 풀이를 확인하세요.

01 $\dfrac{3}{6}=\dfrac{9}{18}=\dfrac{27}{54}$ **02** $\dfrac{2}{97}$, $\dfrac{71}{73}$ **03** $\dfrac{1}{6}$

04 분모를 12로 통분할 때 분자는 각각 3, 4, 5, 6, 7, 8, 9, 10, 11입니다. 그 분자의 채워 넣는 방법은 아래와 같은 4종류가 있습니다.

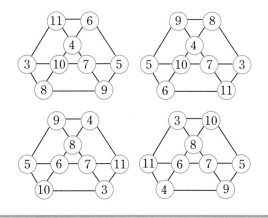

---

01 $\dfrac{3}{6}=\dfrac{9}{18}=\dfrac{27}{54}$

02 100 이하의 소수는 작은 수에서 큰 수의 순서대로 2, 3, 5, $\cdots$, 71, 73, $\cdots$, 97이므로 가장 작은 진분수는 $\dfrac{2}{97}$이고, 가장 큰 진분수는 $\dfrac{71}{73}$입니다.

---

03 반 전체에서 상을 받은 학생 수를 1이라고 합니다.
(금상+은상)+(은상+동상)-(금상+은상+동상) = 은상이므로 은상을 받은 학생은 반 전체에서 상을 받은 학생 수의

$\dfrac{1}{4}+\dfrac{11}{12}-1=\dfrac{3+11-12}{12}=\dfrac{2}{12}=\dfrac{1}{6}$입니다.

04 분모를 12로 통분하면 이들을 통분하면

$\dfrac{3}{12}$, $\dfrac{4}{12}$, $\dfrac{5}{12}$, $\dfrac{6}{12}$, $\dfrac{7}{12}$, $\dfrac{8}{12}$, $\dfrac{9}{12}$, $\dfrac{10}{12}$, $\dfrac{11}{12}$이 됩니다. 분자 3, 4, 5, 6, 7, 8, 9, 10, 11을 빈칸에 넣는 것을 생각합니다. 그러면 다음 네 가지 경우가 나옵니다.

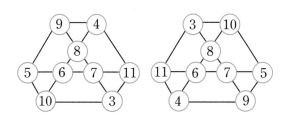

그림에서 수는 분자만 생각한 것입니다. 실제로 답안 작성시에는 각 수를 12로 나눈 분수를 써야 합니다.

예제 1 답 (1)

4	3	2	1
3	1	4	2
1	2	3	4
2	4	1	3

(2)

3	2	4	1
2	4	1	3
1	3	2	4
4	1	3	2

예제 2 답 (1)

4	2	3	1
3	1	4	2
2	4	1	3
1	3	2	4

(2)

1	4	3	2
2	1	4	3
3	2	1	4
4	3	2	1

예제 3 답 (1)

1	4	3	2
3	1	2	4
4	2	1	3
2	3	4	1

(2)

3	2	1	4
4	1	3	2
2	3	4	1
1	4	2	3

예제 4 답 (1)

2	3	1	4
3	1	4	2
1	4	2	3
4	2	3	1

(2)

2	4	1	3
4	3	2	1
3	1	4	2
1	2	3	4

예제 5 답 (1)

1	3	2	4
4	1	3	2
3	2	4	1
2	4	1	3

(2)

1	2	4	3
3	1	2	4
4	3	1	2
2	4	3	1

예제 6 답 (1)

3	2	1	4
2	4	3	1
4	1	2	3
1	3	4	2

(2)

3	4	1	2
1	3	2	4
2	1	4	3
4	2	3	1

예제 7 답 (1)

1	2	5	3	4
2	3	4	5	1
3	5	1	4	2
5	4	2	1	3
4	1	3	2	5

(2)

5	1	3	2	4
1	3	2	4	5
4	5	1	3	2
2	4	5	1	3
3	2	4	5	1

예제 8 답 (1)

3	5	4	2	1
1	3	2	5	4
2	4	5	1	3
4	2	1	3	5
5	1	3	4	2

(2)

5	1	3	4	2
2	3	5	1	4
1	4	2	3	5
4	2	1	5	3
3	5	4	2	1

예제 9 답 (1)

5	3	4	2	1
4	5	3	1	2
1	4	2	3	5
3	2	1	5	4
2	1	5	4	3

(2)

3	4	2	5	1
1	5	4	2	3
4	3	5	1	2
5	2	1	3	4
2	1	3	4	5

연습문제 15 A형 164~165쪽

서술형문제는 반드시 풀이를 확인하세요.

01 답 (1)

1	4	3	2
4	2	1	3
3	1	2	4
2	3	4	1

(2)

1	2	3	4
4	1	2	3
3	4	1	2
2	3	4	1

02 답 (1)

1	2	3	4
2	4	1	3
4	3	2	1
3	1	4	2

(2)

3	1	4	2
4	3	2	1
2	4	1	3
1	2	3	4

03 답 (1)

2	4	1	3
1	3	4	2
3	1	2	4
4	2	3	1

(2)

4	1	3	2
2	3	1	4
1	2	4	3
3	4	2	1

04 답 (1)

4	2	1	3
2	1	3	4
3	4	2	1
1	3	4	2

(2)

2	3	1	4
4	2	3	1
1	4	2	3
3	1	4	2

05 답 (1)

3	4	5	1	2
2	1	4	5	3
1	5	3	2	4
5	3	2	4	1
4	2	1	3	5

(2)

2	4	5	3	1
5	1	4	2	3
4	2	3	1	5
1	3	2	5	4
3	5	1	4	2

06 답 (1)

2	4	1	3	5
4	3	5	1	2
3	5	4	2	1
5	1	2	4	3
1	2	3	5	4

(2)

5	4	3	1	2
2	3	5	1	4
3	5	1	2	4
4	1	2	3	5
2	3	5	4	1

서술형문제는 반드시 풀이를 확인하세요.

01 답 (1)

5	3	4	1	2
3	4	2	5	1
2	1	5	3	4
1	2	3	4	5
4	5	1	2	3

(2)

3	5	1	2	4
2	3	5	4	1
4	1	3	5	2
1	4	2	3	5
5	2	4	1	3

02 답 (1)

4	3	5	1	2
2	5	3	4	1
3	1	4	2	5
1	4	2	5	3
5	2	1	3	4

(2)

3	4	5	2	1
5	3	1	4	2
2	5	4	1	3
4	1	2	3	5
1	2	3	5	4

03 답 (1)

2	3	4	1	5
3	5	1	2	4
1	2	5	4	3
5	4	2	3	1
4	1	3	5	2

(2)

1	2	5	3	4
2	5	4	1	3
4	3	2	5	1
5	1	3	4	2
3	4	1	2	5

04 답 (1)

2	3	5	4	1
3	4	2	1	5
4	5	1	2	3
5	1	4	3	2
1	2	3	5	4

(2)

5	1	2	4	3
4	3	5	1	2
2	4	1	3	5
3	2	4	5	1
1	5	3	2	4

05 답 (1)

1	2	3	5	4
3	5	2	4	1
5	4	1	2	3
4	1	5	3	2
2	3	4	1	5

(2)

1	5	3	4	2
2	4	5	1	3
5	2	4	3	1
4	3	1	2	5
3	1	2	5	4

06 답 (1)

2	3	1	5	4
1	4	5	2	3
3	5	2	4	1
5	1	4	3	2
4	2	3	1	5

(2)

2	3	4	5	1
3	5	2	1	4
4	2	1	3	5
5	1	3	4	2
1	4	5	2	3

"탄탄한 수학적 응용력으로 특목중, 특목고 진학까지
체계적인 학습효과를 얻을수 있습니다."

한문제 한문제 자신있게 풀다 보면
어느새 수학실력이 쑥쑥!

사고력 향상
초등학교 영재수학의 지름길 중급|하
정답과 풀이

www.sehwapub.co.kr